ACCOMMODATION

创融与新通

INNOVATION

真实问题导向下的环境科学与工程
"学科建设－人才培养"一体化办学理论与实践

潘一山　宋有涛　王子超　等／编著

中国环境出版集团·北京

图书在版编目（CIP）数据

融通与创新：真实问题导向下的环境科学与工程"学科建设-人才培养"一体化办学理论与实践/潘一山等编著. —北京：中国环境出版集团，2021.12

ISBN 978-7-5111-4858-2

Ⅰ．①融…　Ⅱ．①潘…　Ⅲ．①高等学校—环境科学—学科建设—人才培养——一体化—研究—辽宁②高等学校—环境工程—学科建设—人才培养——一体化—研究—辽宁　Ⅳ．①X-4

中国版本图书馆 CIP 数据核字（2021）第 269801 号

出 版 人	武德凯	
责任编辑	宾银平	
责任校对	薄军霞	
封面设计	宋　瑞	

出版发行　**中国环境出版集团**
　　　　　（100062　北京市东城区广渠门内大街 16 号）
　　　　　网　　址：http://www.cesp.com.cn
　　　　　电子邮箱：bjgl@cesp.com.cn
　　　　　联系电话：010-67112765（编辑管理部）
　　　　　　　　　　010-67113412（第二分社）
　　　　　发行热线：010-67125803，010-67113405（传真）
印　　刷　北京中科印刷有限公司
经　　销　各地新华书店
版　　次　2021 年 12 月第 1 版
印　　次　2021 年 12 月第 1 次印刷
开　　本　787×1092　1/16
印　　张　13.25
字　　数　350 千字
定　　价　78.00 元

序

现代教育理念认为，教育不能脱离现实环境，不能孤立、抽象地培养学习者的思维能力。真实问题内涵丰富，来源于教师和学生的实际生活，来源于生产实践，或基于跨学科整合的问题，是能够有效激发教师的科研和教学活力，调动学生学习兴趣，发掘丰富教学内涵，承载多样化教育功能的资源。近年来，国内外有关学者对真实问题的研究逐渐深入，更新了基于真实问题的教育理念，建立了以问题为导向（problem-based learning，PBL）的教学模式和人才培养模式，促进了我国教育领域研究的发展。

基于 PBL 教学模式的理论基础，辽宁大学潘一山校长、宋有涛院长在全国首次提出了真实问题导向下的环境科学与工程"学科建设-人才培养"一体化办学理论，并进行了 5 年左右的实践，取得了显著成效。潘一山校长编写的《真实问题导向下的创新创业人才培养——辽宁大学的研究与实践》一书广受好评，推出的真实问题网站——"砍瓜网"在政府、社会、企业各领域影响广泛，解决了行业、企业的千余项发展难题，培育了众多创新创业人才，他在中国教育学会论坛等国家、地方研讨会上就"真实问题"做专题报告 20 余场，使辽宁大学真实问题的研究经验向全国高校辐射。基于"真实问题教学法"理念，宋有涛、王俭、付保荣教授等编写的教材《环境经济学》《环境地理信息系统》《环境污染生态毒理与创新型综合设计实验教程》被列为普通高等教育"十三五""十四五"规划教材，深受好评，特别是宋有涛院长主编的《环境经济学》教材，被原环境保护部副部长吴晓青评价为"以习近平生态文明思想中关于环境污染治理、保护生态环境的讲话为引领，理论结合实践，国外经验结合国内探索，从实际应用角度出发，全面地介绍了环境介质污染治理及生态补偿的政策和措施，梳理了国家层级的自改革开放以来环境保护方面的重要法律、法规，并从经济学的角度找出我国现行污染治理不足之处及实现路径，不仅可作为高校大学生、研究生教材，同时对社会上生态环境管理及技术人员也将具有重要的参考作用"。辽宁大学环境学科发展迅速：2015 年，获批辽宁大学历史上首个千万级国家重大科技专项课题；2016 年，获批设立环境化学二级学科博士学位授权点；2018 年，获批设立环境科学与工程一级学科博士学位授权点；2020 年，获批生态环境部生态环境损害鉴定评估推荐机构（全国仅 4 家高校获批）；2021 年，环境工程专业获评国家一流专业建设点，环境学科科研成果获得国家科技进步二等奖。2017 年，辽宁大学环境学科毕业生罗义被评为"中国十大青年女科学家"、牟维勇被辽宁省委任命为辽宁省环保集团总经理；2018 年，毕业生胡涛被任命为辽宁省生态环境厅厅长，再次证明了辽宁大学环境学科作为地方"双一流"高校学科在人才培养方面的重要作用。

本书集成了潘一山校长、宋有涛院长创新提出的真实问题导向下环境科学与工程"学科建设-人才培养"一体化办学的研究成果，以真实问题为切入点，从"学科建设-人才培养"一体化办学的理论研究、实践应用和实践效果 3 个方面，全面介绍了真实问题导向下环境科学与工程学科的学生培养体系建设、课程教学体系建设、师资队伍体系建设、支撑条件体系建设，以及学科建设成果、人才培养成果和"学科建设-人才培养"一体化办学的典型案例。本书可为高等学校真实问题导向下"学科建设-人才培养"一体化办学机制的实施、环境科学与工程及相关理工学科的发展提供借鉴。

作为原辽宁省环境保护厅的老厅长和辽宁省环境科学学会的新理事长，作为辽宁大学城市与能源环境国际工程研究院的名誉院长、兼职教授，这些年我见证了辽宁大学环境学科在潘一山校长、宋有涛院长带领下的快速成长，更见证了潘一山校长的统揽全局、顶层设计，宋有涛院长的敢于亮剑、勇往无前。期待在新的历史时期，在真实问题导向下的"学科建设-人才培养"一体化办学理论的指导下，辽宁大学环境学院取得更大的成就。

朱京海

2021 年 11 月

前言

　　马克思说："问题就是时代的口号，是它表现自己精神状态的最实际的呼声。"毛泽东同志说："问题就是事物的矛盾，哪里有没有解决的矛盾，哪里就有问题。"习近平同志强调："每个时代总有属于它自己的问题，只要科学地认识、准确地把握、正确地解决这些问题，就能够把我们的社会不断推向前进。""问题导向"是促进社会发展进步的重要手段。习近平总书记在关于"两学一做"学习教育的重要指示中进一步强调，"要突出问题导向，学要带着问题学，做要针对问题改"。当今世界正处于百年未有之大变局，人类社会处于生产力大变革、大发展、大跃升的新阶段。在复杂局势下，发掘真正科学问题、解决"卡脖子"技术难题，是抓住新一轮科技革命与产业变革机遇的关键。

　　基于真实问题导向进行"学科建设-人才培养"一体化办学是大学创新驱动发展的需要，也是新时代"双一流"战略实施的需要，更是新形势下高等教育强国建设的需要。当前我国一流学科建设在学科建设模式、人才培养思路、资源配置机制、考核评价制度等方面面临一系列挑战。构建基于真实问题导向的一流学科建设路径，需要聚焦问题，引领学科建设；需要服务问题，创新人才培养模式；需要瞄准问题，改革资源配置机制；需要立足问题，健全学科评价制度。

　　以真实问题为导向的高校学科建设与人才培养一体化管理具有以下两个方面的优势。其一，有利于人才创新能力的培养。纵观世界科学的发展，无不是对我们现实生活中存在的真实问题的逐一解决，才得以使知识水平、技术水平和人们生活水平不断攀升和提高。其二，有利于人才创业能力的培养。回顾改革开放以来的历次创业大潮，成功的创业者无不是能够及时发现消费者存在的需求"痛点"，并解决了由"痛点"带来的社会问题。学科建设工作支撑人才培养成效，人才培养成效反映学科建设水平。实践证明，真实问题导向下的"学科建设-人才培养"一体化模式具有以下作用和意义：①有效解决学生侧问题，如学生学习兴趣不足、被动学习和对科学研究缺乏热情等问题；②有效解决人才培养的困惑与"瓶颈"问题，为人才培养的方向提供差异化定位；③为教育部"新工科"建设提供可行的实施方案；④将"跟班式"科研改成"跟着社会问题走式"科研，为教师提供更多优秀选题；⑤实现真正意义的产学研合作；⑥促进大学所在地区的经济振兴。

辽宁大学是世界一流学科建设高校、"211 工程"大学。2016 年，"辽宁大学真实问题研究中心"正式成立，至此明确了由真实问题研究中心向全社会搜集真实问题、向校内输出真实问题，并确立了由学校教学管理、创新创业培训、科研管理和就业指导四类部门协作的真实问题导向的创新创业人才培养联动机制，也标志着辽宁大学对于真实问题导向的创新创业人才培养模式的理论建构的逐步完善。2016 年，着手建设搜集真实问题的网络平台——"砍瓜网"，并于 2017 年正式上线。该网站面向全社会对真实问题进行发布、查询和浏览，突破了原先对真实问题的搜集仅供学校内部应用的局限。我们希望将此平台打造成一个面向全社会的真实问题枢纽网络平台，能够将全社会的企业、高校、科研机构的问题与解决方案连接起来，形成一个生产研究创新链，有效整合企业与高校资源，促进产学研合作的对接，助力企业突破技术创新"瓶颈"，加速我国创新型国家的建设，同时也有助于现代大学服务社会功能的有效实现。

辽宁大学环境科学与工程学科源于 1958 年创办的生物学专业，开拓者秦耀庭先生因解决国家重大生态安全问题获得国家金质奖章。2006 年，辽宁大学获批了环境科学与工程一级硕士学位授权点，2007 年获批生态学二级硕士学位授权点，同年环境学院正式定名。2011 年宋有涛担任环境学院院长，2017 年潘一山担任环境科学与工程学科带头人，开始了真实问题导向下的"学科建设-人才培养"一体化办学模式探索，学院因此进入高速发展的快车道。十年磨一剑，砺得梅花香。2015 年，环境学院获批辽宁大学历史上首个国家重大科技专项课题，国拨经费 2 746.64 万元，地方配套 8 900 万元；2016 年，获批设立环境化学二级学科博士学位授权点；2018 年，环境科学与工程一级学科博士学位授权点申报成功,辽宁大学工科博士点实现零的突破;2020 年,获批生态环境部生态环境损害鉴定评估推荐机构(全国仅 4 所高校获批);2021 年,环境工程专业获评国家一流专业建设点,环境学科科研成果获得国家科技进步二等奖。辽宁大学环境科学与工程学科 2012 年在全国第三轮学科评估中仅排名前 60%,2019 年艾瑞深校友会排名进入全国前 22%,2020 年软科排名进入全国前 30%。2021 年在软科环境科学与工程专业排名中,辽宁大学环境工程专业进入 B^+,环境生态工程专业进入 B^+,环境科学专业进入 B,取得了长足的发展。

辽宁大学环境科学与工程学科是东北地方高校中唯一博士点。其源于生物、化学学科,发展中紧密联合经济、法律、管理等学科;形成"源汇解析—经济决策—低碳技术—司法保障—智能管理"有机链条,具有鲜明的理工科交融和文科渗透特色;形成了以环境地质工程为龙头,流域综合治理为重点,环境生物学和环境化学均衡发展布局。

在人才培养方面,环境科学与工程学科以"明德精学,笃行致强"为宗旨,培养德才兼备,具有深厚理论素养和工程技术知识,具备国际化视野和创新创业能力,服务国家和地方经济绿色发展的复合型环保人才。已培养了 6 800 余名毕业生,涌现出如英国伯恩茅斯大学研究生院院长张甜甜、比利时布鲁塞尔自由大学环境系主任高悦、"中国十大青年女科学家"罗义、哈尔滨工业大学教授马放、辽宁省援藏总指挥顾兆文、辽宁省生态环境厅厅长胡涛、辽宁省环保集团总经理牟维勇等一大批红专能优、德才兼备、理论素养和工程技术知识深厚、服务国家和地方经济绿色发展以及生态环境保护和生态文明建设的铁军。

在新的历史时期,辽宁大学环境科学与工程学科将继续砥砺前行,不断探索,努力以真实问题为导向,深入贯彻真实问题导向下"学科建设-人才培养"一体化办学模式和《沈阳宣言》,快速稳步推进学科发展,为社会培养出更多的创新创业人才!

编 者

2021 年 11 月

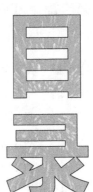

目录

第二篇 实践应用

第三篇　实践效果

第一篇　理论研究

　　学科建设和人才培养是高校的两项重点工作。学科建设工作支撑人才培养成效，人才培养成效反映学科建设水平。此前，潘一山教授主持的"真实问题导向下的创新创业人才培养——辽宁大学的研究与实践"项目经过多年探索和实践，已经形成了可复制、可推广的具有示范辐射作用的成果。在此基础上，我们在国内率先提出了真实问题导向下的"学科建设-人才培养"一体化办学模式。实践证明，真实问题导向下的"学科建设-人才培养"一体化办学模式具有以下作用和意义：①有效解决学生侧问题，如学生学习兴趣不足、被动学习和对科学研究缺乏热情等问题；②有效解决人才培养的困惑与"瓶颈"问题，为人才培养的方向提供差异化定位；③为教育部"新工科"建设提供可行的实施方案；④将"跟班式"科研改成"跟着社会问题走式"科研，为教师提供更多优秀选题；⑤实现真正意义的产学研合作；⑥促进大学所在地区的经济振兴。

第1章

辽宁大学真实问题导向下的
创新创业人才培养的研究成果

1.1 辽宁大学真实问题研究中心的建立

1.1.1 真实问题研究中心简介

1.1.1.1 真实问题研究中心的建设背景

习近平总书记在党的十八届三中全会上强调："要有强烈的问题意识,以重大问题为导向,抓住关键问题进一步研究思考,着力推动解决我国发展面临的一系列突出矛盾和问题。"自党的十八大以来,党中央在治国理政过程中多次提出了"问题导向"的理念。党的十九大报告深入阐述了问题导向的内涵及其重要性。问题是时代的声音,社会进步的推动取决于问题的解决。问题导向包含发现问题、认识问题、分析问题和解决问题四个过程。

实践是发现真实问题的途径和来源。例如,现实生活中微不足道的柴米油盐,机械生产中涉及经济发展增长的快慢,科学研究中涉及精度的数字等。只要是真实发生并存在的现实,就是发现问题的阵地。由此可以看出,此类真实发生并存在于现实生活中的问题,内容不同,形式各异,且常常被人们忽略。这需要我们拥有"能够辨别问题的双眼"帮助我们全面正确地认识问题,需要利用科学技术方法予以深入分析,找到合理的解决办法之后,才可能积极稳妥地解决问题。基于此,2016年以辽宁大学为主体、以28个二级教学单位为依托成立辽宁大学真实问题研究中心,向校友和校友企业广泛征集真实问题,使高校科研走出"象牙塔",与企业"面对面",完成问题导向全过程。同时,将高校研究理论与实践紧密结合,促进产学研成果转化。

1.1.1.2 真实问题研究中心的发展目标

建立辽宁大学真实问题研究中心的目的之一是,围绕可能产生真实问题的所有领域,面向全国各行业和行政及企事业单位等搜集包括生产技术和社会经济在内的真实问题。通过问题导向，将高校与社会经济活动接轨，将行政及企事业单位面临的实际问题引入高校，有效促进实现科研成果转化、为行政及企事业单位解决"卡脖子"问题等服务社会能力的提升。

建立真实问题网络平台，打造汇集政府、行业机构、其他高校和研究机构等的真实问题联盟，拓展真实问题征集来源和应用渠道，并将征集到的真实问题通过互联网向社会发布，实现真实问题征集领域和研究领域的全覆盖。

真实问题研究中心建设分为框架设计、填充调研和联合发展三个阶段。

（1）第一阶段：框架设计

框架设计包括机构、运行和发展三个部分。

1）机构：辽宁大学是拥有文、史、哲、经、法、商、理、工等多门类学科的综合性大学，校友分布覆盖各行各业，因此，该机构从校友企业入手，广开渠道，由校友会牵头征集首批真实问题。

2）运行：设置专门设备与管理机构，负责实体化运行和网站日常运维、数据管理、与政企单位对接、活动组织等日常管理、技术维护和项目开发工作。

3）发展：当真实问题研究中心成熟运行后，向专业类兄弟院校推广，通过优势互补、拓宽真实问题覆盖面等方式，提升真实问题研究中心的科研实力。探索建立围绕真实问题需求的人才柔性流动机制，吸引和集聚一批一流人才"驻站"，开展真实问题的攻关研究工作。

（2）第二阶段：填充调研

建立组织机构，制定工作办法，保障中心工作有序运行。组织人力，运用科学手段分析征集到的真实问题以及征集真实问题过程中遇到的问题，并将线上和线下征集到的真实问题及时在网上平台发布。以辽宁大学师生为试点，积极鼓励广大师生从真实问题网络平台中选题开展教学和科研工作。

（3）第三阶段：联合发展

当真实问题研究中心征集到的问题积累到一定数量，分析数据满足一定条件后，通过互联网平台把分散在全省各地的高校和企业联系在一起，邀请其他兄弟院校、研究机构等共同入驻，通过征集和研究不同学科、行业、地域的真实问题，推动真实问题研究中心蓬勃发展。

1.1.1.3 真实问题研究中心的主要职能

（1）问题的征集与管理

负责真实问题研究中心问题的征集，广开渠道，广泛征集；对征集到的问题统一管理、集中分类并上传至网络平台；对问题研究程度进行跟踪，以及对由问题引申出的研究成果进行统计。

（2）问题的分析与工作的改进

负责将搜集到的真实问题，依据行业、专业、所在地域、受关注程度等进行科学分析，对征集问题中遇到的问题进行分析研究，及时对征集问题等中心工作进行改进和调整。

（3）与政企单位的联络与合作

加强与社会各界联络，尤其是提供问题的企事业单位，与之保持长期联络。对有合作发展意向的企业，重点联络、积极协调、搭建平台。与相关行业协会取得联系，拓展行业问题来源渠道。主动出击，为由问题引申出的研究成果寻找转化或合作研发渠道。

（4）宣传与发展

负责真实问题研究中心的对外宣传和业务拓展，探寻真实问题研究中心新的发展机遇，为真实问题研究中心的可持续发展打基础。

1.1.1.4　真实问题研究中心的组织构成

真实问题研究中心的总负责人由校长兼任，负责中心工作和发展方向的总体把握、方案制定和项目审批。校友会（基金会）办公室主任作为真实问题研究中心的运行负责人，负责中心日常运行和人员调配。任命一名科长，作为真实问题研究中心的项目执行人，负责真实问题研究中心日常工作的开展，问题的征集与管理，平台的日常管理与运行，与企业、高校或其他机构联络与对接，数据的分析与整理，工作计划的拟定与落实，对具体工作提出可行性修改建议等。各学院和教学研究单位建立真实问题研究组，设组长一名，负责本单位所有专业学科领域真实问题的相关研究工作开展。设具体工作联系人一名，配合真实问题研究中心完成真实问题网络平台中涉及本单位所有专业学科领域的问题的日常关注、数量统计、研究意向统计、项目合作对接的沟通、跨学科问题研究的统计、跨学科问题合作研究的沟通与开展等工作。同时，建立问题中心专家梯队。从各学科专家中聘请具有一定专业水平和实践经验的专家"驻站"，主要负责搜集涉及行业尖端的问题、从真实问题的运行过程中发现创新点、对于搜集问题过程中出现的一些问题给予一定的专业建议和指导，帮助真实问题研究中心在运行的过程中，及时调整工作方法和方向，保证真实问题研究中心的良性可持续向前发展。

1.1.2　真实问题的搜集办法

对问题导向的思考符合中国共产党人总是通过革命、建设和改革来解决问题的传统，符合马克思主义认识论和辩证法，也是贯彻党的思想路线的体现，是共产党人求真务实科学态度的体现，同时，坚持问题导向也有助于科学地指导我们提高和增强发现问题、正视问题及解决问题的敏感度、清醒意识和自信心。那么，在问题导向下，解决如何发现和认清当前社会上普遍存在的各种真实问题，并将其最终转化为具有研究价值的科学问题，是辽宁大学真实问题研究中心设立的主要任务。

1.1.2.1　平台用户提交真实问题

以校友作为首批用户，进行宣传与推广。校友、校友企业或校友所在企业以平台用户身份自行发布问题。真实问题研究中心专门人员对平台用户发布的问题做针对性的科学处理，并提炼为真实问题。另外，平台还将统计、整理和分析用户层次、用户分布、企业规模、需求分类等，并跟踪调研一些企业用户的具体情况。对于被科研或教学采纳为研究对象的问题，平台将通过用户个人账号提示用户。当对问题的研究取得一定进展时，真实问题研究中心将协调相关专业、学院或研究部门向用户反馈研究情况，并商讨是否需要进一步开展相关合作与转化等。

1.1.2.2　企业生产中获得真实问题

采用线上和线下同步进行的方式搜集企业中存在的真实问题。从实践情况来看，目前，真实问题研究中心获得问题最好的途径就是从企业中获得。企业在生存与发展中，必然会遇到组织建设、财务、人力资源管理和技术等各种问题，这些问题也是企业向前发展所必须解决的问题，促使企业不断思考、不断创新、不断发展、不断提高，以适应日益激烈的行业竞争。这种发现问题、寻求问题解决方法然后应用于实践的过程与真实问题研究中心挖掘真实问题、研究问题、解决问题的过程完全吻合。

基于以上分析，真实问题研究中心以校友企业为首批问题征集对象，利用校友与母校间的天然联系，向企业征集真实问题，积极帮助校友企业寻找真实问题，研究解决问题的方法和途径。

1.1.2.3　在各类媒体中提炼真实问题

真实问题研究中心在组织专门人员从各类媒体中挖掘真实问题的过程中，不仅需要及时关注各大媒体的各类信息，还需要深入挖掘媒体信息中所涉及的具体问题。深入挖掘并不是针对各类信息的完整性，而是侧重挖掘该问题所涉及的创新点或可能具有创新性的内容或角度等，力求将创新理念、观点和切入点引入提炼形成的真实问题中，为辽宁大学师生论文选题及科研提供更具有创新意义的素材，助力打造创新人才培养模式，推进辽宁大学创新创业工作的进一步发展。

1.1.2.4　合作收录各领域真实问题

（1）与民心网合作搜集问题

民心网成立于 2004 年 5 月 21 日。自开通以来，民心网始终把群众的要求放在首位，倾听群众的呼声，为人民服务，从实际出发满足人民的合理要求，设身处地地为人民的利益着想。换句话说，民心网已经成为个人向政府提供真实问题的平台。根据调查统计，2017 年，在辽宁省委、省政府的密切关注下，在辽宁省政府办公厅的直接领导下，辽宁省各级政府及各部门利用民心网平台为群众解决了 11.28 万个问题，回应群众意见建议28.42 万个，办理反馈率达到 95.54%，群众满意率达到 91.30%。上述数字表明，民心网已经成为公众反映问题的主要方式。人们通过民心网向政府反映问题，希望得到关注并解决问题。由此可见，民心网与真实问题研究中心都是为了解决问题而存在的，但它们本质上是不同的。登录民心网，不难看出民心网专注于解决民众的问题，即它的大多数用户都是个人，相比之下，企业用户很少；大多数问题与人们的生活有关，很少涉及专业问题。民心网专注于解决问题，而真实问题研究中心专注于研究和创新。两者在许多方面存在巨大差异。正是由于这些差异，如果将民心网平台的真实问题转化为可供大学师生研究的科学问题，问题数量将会显著上升，也将弥补民生问题领域的巨大缺口。因此，真实问题研究中心计划与民心网签署战略合作协议，开展多方面合作。民心网为真实问题研究中心提供问题数据，而真实问题研究中心在帮助民心网解决问题的同时，侧重对问题的整理和研究。与民心网合作征集问题，不仅提升了真实问题研究中心的问题数量，完善了真实问题研究中心的结构，而且充分体现出地方高校服务地方的作用。

（2）与行业协会合作搜集真实问题

行业协会是指为政府与企业、商品生产者和销售者提供咨询服务、监督服务、司法服务及沟通协商的中介社会组织。它是政府与公司之间的桥梁和联络点，不属于政府管理组织，而是民间组织社会团体的一种。行业协会的主要职能之一是分析行业基本情况并公布结果，同时研究行业发展基础情况，探讨行业面临的问题并提出建议。通过与行业协会一定程度上的合作，真实问题研究中心可以实际收集行业内最集中的基本问题，并获得一定数量的相应数据，这大大提高了问题收集的效率，节省了真实问题研究中心的成本和时间。以校友会为依托，与行业协会合作，共同开展问题征集。通过校友会与行业协会建立联系，达成合作意向。行业协会负责向其会员单位企业征集真实问题，真实问题研究中心负责问题的归纳、整理、分析和研究。同时真实问题研究中心也将针对行业协会中企业的规模、工作模式等方面进行统计分析和深入探索，探寻行业协会中的真实问题，为行业协会的进一步发展和创新提供动力。

（3）与研究机构合作搜集真实问题

研究机构多半隶属于省科技厅、省财政厅、省建设厅等政府部门。与研究机构合作开展问题征集，签署合作协议。研究机构负责提供不涉及本单位专利项目信息和涉密数据的真实问题。此类问题因专业度高，大多无须整理可以直接上传至平台供师生科研和论文选题使用。真实问题研究中心与研究机构合作引入问题，目的不仅是解决问题，还是为教师和学生打开更深入研究的大门，明确科研方向，完善科研机构人才培养和人才储备，为国家培养更高层次的科研人才。

（4）收集基金研究指南特定领域的实际问题

国家社会科学基金委和国家自然科学基金委发布的年度研究指南，主要是关于项目研究主题选择。从研究指南中提取真实问题将为更多参与科学研究的教师和学生提供明确研究方向。鼓励教师、学生创新研究与合作，有助于提高申请成功的可能性，提高教师和学生的整体科研水平。

（5）结合自己的思考，形成真正的问题

1）专业教师"思考"专业问题。真实问题研究中心建设之初的发展目标之一是提高本科生毕业课题的质量，使其不再仅仅关注书本主题，而是从实践中获得灵感和课题，完成科学研究和论文设计。因此，实现辽宁大学校内72个本科专业全覆盖成为问题征集的第一个目标。但征集问题受多种因素的限制，即使是从生活各个领域收集到的问题，也难以达到本科专业全覆盖的目标。经过研究讨论，真实问题研究中心与教务处联手，以72个本科专业的骨干教师为主要力量，专业教师向本专业提问、向所研究领域的对接企业提问，从而产生覆盖72个本科专业的真实问题。在这个过程中，教师不再是纯教学，而是通过思考和探索与实践相结合，给学生更深刻的启发和指导，帮助学生发现问题并找到适合底层研究的真实问题，同时也帮助学生将四年的理论教育与实践相结合，看到本专业的美，体验应用所学知识的乐趣。

2）专业学科"想"企业问题。在真实问题研究中心的职能中，除了征集、管理、分析问题，还有合作与发展。真实问题研究中心主动出击，站在企业角度，主动替企业"想"问题。从校友企业、合作企业入手，分析企业现状，寻找企业最关键的需求问题。同时与企业保持沟通，共同对研究进度和成果进行跟踪。一方面企业配合研究提供相应的背景资料，另一方面师生也更有针对性、更全面地对企业问题进行分析研究，使得理论与实践联系更紧密，推动跨学科领域合作，为最后的成果转化和进一步的校企合作打下良好的基础。

1.1.3　辽宁大学"真实问题库"在整个社会的辐射效果

通过一段时间的问题征集，真实问题研究中心形成了具有一定真实性和研究价值的

"真实问题库"。随着工作的不断推进，仅本校 72 个本科专业的覆盖面显然已无法满足真实问题研究中心的发展需求。为更好地发挥真实问题在科研、教学中的作用，进一步扩大真实问题覆盖领域，真实问题研究中心加大了问题征集力度，扩大了辐射范围。

1.1.3.1　与政府相关部门联手征集真实问题

2016 年，与营口市科技局合作征集问题。营口市科技局为真实问题研究中心提供了113 个真实问题。这些问题作为首批征集问题，不仅为真实问题研究中心和真实问题网络平台提供了强有力的基础支撑，更为研究中心前期工作开展提供了保障，为数据分析研究提供了依据，为"象牙塔"中的理论研究注入了重要参考数据。2017 年，沈阳市科技局也与真实问题研究中心进行了洽谈。在了解了真实问题研究中心建设理念、工作现状和发展目标之后，其表示出极大的兴趣，先后多次派出专门人员前来中心调研，并着重了解了真实问题网络平台的建设进度、问题上传、网络开通等方面的具体情况，为双方进一步开展合作打下了基础。

1.1.3.2　向其他高校推广"真实问题库"

真实问题研究中心成立的主要目的之一，便是为高校师生的科研和论文选题提供真实依据。2016 年，真实问题研究中心与辽宁工程技术大学开展合作，进行问题征集。辽宁大学为辽宁工程技术大学提供展示技术需求问题的网络平台，辽宁工程技术大学为辽宁大学真实问题研究中心提供技术需求问题。同时，通过联合举办学术研讨会的形式，共同开展相关专业领域的调研，了解相关专业领域的行业技术需求，为真实问题研究中心提供真实案例，为辽宁工程技术大学寻找技术需求。2017 年，在辽宁大学蒲河校区成功联合举办第一届煤矿冲击地压研讨会，将国内各大煤矿的主要技术研究人员召集到一起，针对各地冲击地压的具体情况及其带来的危害进行总结和讨论，在积极寻求解决办法的同时，结合各自实际情况抛出问题。本次研讨会成功提炼出 44 个煤矿冲击地压方面的真实问题，为真实问题研究中心工科领域提供了珍贵的数据。这次与辽宁工程技术大学的合作，不仅扩大了真实问题研究中心的辐射范围，更为此后在省内外各高校间的推广打下了坚实的基础。2017 年，真实问题网络平台试运行基本结束。针对试运行期间所存在的问题，真实问题网络平台进行了相应的调整和升级。升级结束后，以辽宁大学、辽宁工程技术大学和沈阳工程学院为首批使用对象，真实问题网络平台全面开放。

1.2 真实问题网络平台——"砍瓜网"的建设

1.2.1 面向社会的"砍瓜网"的建设目标

1.2.1.1 "砍瓜网"研发背景——问题导向下的创新

创新是社会进步的重要形式，也是人才培养的重要形式，问题是创新的出发点。创新包括问题的提出和解决，其整合直接关系到创新的效率。马克思曾指出："问题就是公开的、无畏的、左右一切个人的时代声音。问题就是时代的口号，是它表现自己精神状态的最实际的呼声。"习近平总书记在哲学社会科学工作座谈会上也强调："坚持问题导向是马克思主义的鲜明特点。问题是创新的起点，也是创新的动力源。"

1.2.1.2 "砍瓜网"研发意义——校企联盟的网络枢纽

当前社会，对于高校教育者、科研工作者而言，应着力改变以往"跟班式"科研的方式，充分利用大量的科研资源以及自身具备的创新能力，实现生产、社会问题导向下的科学研究、人才培养，发现并解决具有鲜活性、前沿性、科学性的真实问题，但如何及时获悉企业生产技术、社会实际问题成为难题；对于企业而言，其自身的创新能力不足及问题解决途径的局限性，常常导致在创新改革过程中遇到难以攻克的问题。鉴于此，辽宁大学全力研发出用于连接企业、高校、科研机构的问题专业枢纽网络平台，即真实问题中心平台，将问题的提出与解决形成相辅相成的生产研究创新链，将企业与高校的研究资源有效整合，加快产学研的一体化速度。"砍瓜"是一种可随吃随砍、迅速再生的瓜类，是具有极强自愈能力的"奇瓜"，因此将真实问题网络平台命名为"砍瓜网"寓意深刻，表明源源不断的问题将涌入我们的网站，广大的高校师生、科研工作者可随时获取丰富的资源，即取即用，问题将永远不会枯竭，研究也将永远不会停歇。

1.2.2 "砍瓜网"真实问题的搜集办法

1.2.2.1 面向社会的真实问题搜集

真实问题网络平台面向社会搜集各企业中存在的生产实践等各类问题。一个问题只有被充分地理解才能找到突破口去解决。为此平台在设计初期，多次与校领导及各大企业人员沟通，了解到企业存在的各类实际问题常常需要借助文字描述之外的辅助手段（如图片、音频等）才得以完整展示，真实问题网络平台的研发力求加强学科交叉研究，助力培养全方位创新人才，推动依托学科和新兴学科的发展，成为探索和实践高校、科研院所与社会企业之间产学研合作新模式，搭建科技成果转化和产业化的平台。因此，平台对于高校、科研院所的研究者而言同样至关重要。平台为研究者提供自主式模糊查询、导航式查询以及个性化推荐等多种方式，以满足不同研究人员的查询需求。为此，企业在进行问题发布时需要选择其发布问题所属的领域以方便平台进行归类整理从而满足用户导航查询的需求；为方便用户进行自主式模糊搜索，企业在进行问题描述时需提炼该问题中的若干关键词以突出问题的本质。真实问题网络平台作为连接企业、高校及科研机构的专业枢纽网络平台，将问题的提出与解决形成相辅相成的生产研究创新链，力求实现互利共赢的良性循环，并建立"真实问题库"以用于学生毕业论文和教师科研项目等选题。环境科学与工程学科师生"真实问题库"选题情况如表1-1所示。

表1-1 2019—2021年"真实问题库"选题情况　　　　　　　　　　单位：%

专业	学生选题				教师选题			
	本科生毕业论文	研究生毕业论文	创新创业项目	竞赛项目	科研项目	社会服务	学术论文	发明专利
环境工程	91	95	100	95	96	100	92	100
环境科学	82	89	100	92				
资源与环境	—	96	100	95				

1.2.2.2 "砍瓜网"具体功能

（1）前台页面

前台页面中主要实现真实问题发布、浏览及搜索等功能。平台首页直观地为用户展示发布问题、浏览问题、查询问题选项，供用户选择。①多角度问题发布：企业等将遇到的问题发布在平台上。②真实问题浏览搜索：高校教育者、科研工作者等可通过平台查询、搜索以获取真实问题，开启科研创新过程。

（2）用户个人中心

用户个人中心主要包括普通用户及专家用户的个人中心，普通用户可通过其个人中心对其信息进行管理，包括已发布问题的查询、修改，密码修改，已提交解决方案的查询等；专家用户则可通过其个人中心进行密码修改、相关解决方案的推荐等操作。

（3）后台管理系统

该平台的后台管理系统实现了多样化管理模式，为多类用户提供区分式服务，并建立用户间的沟通纽带。后台管理系统主要为管理员提供公告管理、用户管理、专家管理及问题管理等功能。管理员可通过公告管理对已发布公告进行修改、删除或发布最新公告；通过用户管理查看用户相关信息并进行修改等；通过专家管理对专家信息进行管理；通过问题管理对问题进行审核、修改、删除等操作。

1.3　真实问题导向下的创新创业人才培养的各部门联动机制

1.3.1　真实问题导向下的创新创业人才培养的组织架构

1.3.1.1　教学管理部门的工作

教学管理部门的工作主要包含通过设置制度来引导、激励和帮助教师将真实问题导向的教学融入教学过程的各个环节之中，在专业教育中融入对学生能力的培养。在课堂教学中，教师应采用真实问题导向的教学模式来组织课堂教学，使学生能够主动学习，不但使其在学习过程中掌握专业知识的内容，还要培养其创新与批判思维、团队协作精神以及坚韧不拔的毅力等综合素质和能力。在毕业论文设计环节，教师应指导学生以真实问题为选题方向，通过对真实问题的分析与解决完成最终的毕业论文。在学生课下学习环节，可以为本科生配备导师，通过本科生导师制让导师引导学生以真实问题为导向来指导课下的学习内容与方向。另外，学校还可以通过研究型课程的设置，让教师引导对科研感兴趣的学生以真实问题为导向进行科学研究。

1.3.1.2　科研管理部门的工作

科研管理部门的工作主要包含通过设置制度来引导、激励和帮助师生在进行科学研究的过程中以真实问题为研究选题，并为能够解决企业真实问题的师生做好与企业进行横向课题对接与组织的担保工作。为师生提供真实问题科研选题库，使得师生在申报纵向课题过程中，可以在真实问题科研选题库中深入挖掘适合申报纵向课题的选题方向。选题重要的社会实践意义可以增加课题的申报成功率，同时可以引导师生做产业驱动型基础研究，缓解我国公共基础研究与产业应用目标相割裂的现状，使基础研究成果能够迅速应用于解决企业技术难题、满足产业发展需求、提高产业自主创新能力，同时还会更加快速地提高我国基础研究与应用研究的水平，实现科技发展目标，促进整个国家的科技创新发展。对于选择那些企业需要解决方案反馈的真实问题进行研究的师生，科研管理部门应设置制度，将存在真实问题的企业与进行相关研究的师生对接起来，形成横向课题，并为师生做好横向课题合作的组织担保工作。对于师生为真实问题提供的解决方案，科研管理部门还应设置相应的反馈机制，将真实问题的解决方案反馈给相关企业，并相应进行解决方案的评估、知识转化利益的获取等一系列相关工作。

1.3.1.3　创新创业学院的工作

创新创业学院的工作主要包括打造了解真实问题的双导师师资队伍，搭建解决真实问题的实验平台，建设真实问题创新创业项目选题库，并借此辅导学生以真实问题为导向参加各类创新创业活动，培养学生的创新创业能力。学生参加的各类创新创业活动主要包含三个方面的内容，即各种类型的创新创业大赛、大学生创新创业训练（简称大创）计划项目以及大学生创新创业项目的产业孵化。

在各种类型的创新创业大赛和各类竞赛中，应该引导指导教师和参赛学生以真实问题为导向，为参赛队伍选择选题方向。在大学生创新创业训练计划实施过程中，引导指导教师和参赛学生以真实问题为导向选择与本专业相关的项目选题。在大学生创新创业项目的产业孵化过程中，也同样引导指导教师在项目孵化的过程中，能始终以真实问题为导向，挖掘与项目相关的市场问题，解决市场"痛点"，从而迅速找到市场缺口、弥补市场空白，实现项目的成功孵化。

图 1-1 为人才培养的组织架构。

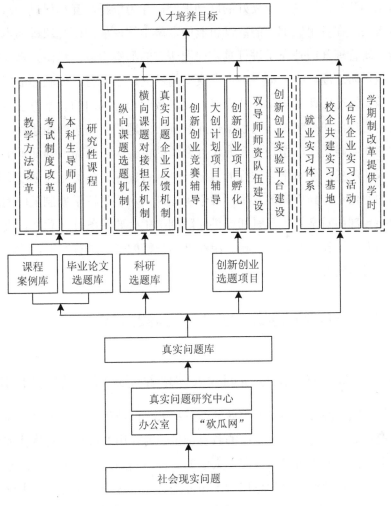

图 1-1　人才培养的组织架构

1.3.1.4 学生就业指导部门的工作

学生就业指导部门的工作主要包括设计真实问题导向的就业实习体系，使学生在就业实习过程中不仅能学到所在单位浅层次的事务性内容，也能了解到其存在的深层次的真实问题，并参与到解决真实问题的过程中去，进而有效培养学生与行业相关的创新创业能力，真正成为用人单位需求的人才。为了形成这种真实问题导向的就业实习体系，学生就业指导部门必须努力寻求与社会用人单位的深度合作，并设计一系列制度保障这种实习效果的实现。

1.3.2 各组织部门的联动机制设计

在真实问题导向的创新创业人才培养的组织架构中，其包含的各组织部门除了有各自的实践措施，还应该形成一个良好的联动机制，互为依托、互相促进，从而达到较好的人才培养效果。在各组织部门的联动机制中，教学管理部门研究课程和本科生导师制的设计，为科研管理部门补充了进行真实问题研究的师资力量；科研管理部门为教师提供的真实问题科研选题，为教师了解产业真实问题提供了素材，使教师能用更加鲜活生动的真实问题案例充实课堂教学，从而有效促进教学管理部门的教学方法改革；教学管理部门和科研管理部门真实课程问题案例库和真实问题科研选题库的建立，可以帮助教师更加了解企业实践情况，增加与企业进行合作的机会，从而为双导师师资队伍的建设进行积极的人才储备，使对学生进行的大创计划项目辅导、各类创新创业大赛辅导和创新创业项目的孵化上升到更高的水平；教学管理部门对于学校学期制采取的改革措施，为学生就业指导部门对学生实习时间提供保障创造了必要的条件。总之，真实问题导向的学科建设与人才培养需要学校各相关组织部门积极配合、进行联动，才能取得更好的创新创业人才培养效果。

1.4 真实问题导向下的创新创业人才培养的效果

1.4.1 真实问题导向下的创新创业人才培养模式取得良好的应用效果

潘一山教授主持的"真实问题导向的新工科人才创新创业教育模式"经过多年探索和实践，已经形成了可复制、可推广的具有示范辐射作用的成果，具体体现在《真实问题导向下的创新创业人才培养——辽宁大学的研究与实践》专著中。"问题导向"是习近平总书记治国理政的重要科学思想和工作方法之一，这一论断为中国大学创新创业人才培养指明了方向。经过10余年的探索与实践，辽宁大学总结提炼出"真实问题导向的创新创业人才培养模式"。以真实问题为起点，改革教学方法、理顺教学环节、重构培养方案，构建贯穿人才培养全过程、覆盖各类学科专业、多部门联动参与的创新创业人才培养模式，破解了高校在创新创业人才培养的体系设计、资源建设和过程培养等方面普遍存在的难题。

1.4.2 "新工科"创新创业人才培养平台不断壮大

近年来，辽宁大学投入建设经费 3 000 余万元，在环境工程、环境生态工程、化学工程、制药工程、生物工程、食品工程、信息工程、电子工程等 12 个工科专业结合应用转型，建设了实验实训室，并于 2021 年启动了 10 000 m^2 的"新工科"综合虚拟仿真实验实训中心的建设；获批省级大学科技园、沈阳市小微企业创业（辅导）基地、沈阳高校优秀创客空间的辽宁大学科技园已建成占地面积 2 000 m^2，包括 50 余家"双创"企业的大学生创新创业孵化基地。另外，辽宁大学"新工科""双创"人才培养平台目前拥有司法鉴定、清洁生产审核、环境规划、环保培训、环境影响评价、生态环境损害评估等 6 项资质，正在申报检测、监测、环境损害司法鉴定等 3 项资质，并与国家（省）环境科学学会、省环境保护协会开展了 10 余项资质证书、上岗证书等培训，共同培训了 3 200 余人次。

1.4.3 "双创"人才质量工程建设成效显著

2017 年，辽宁大学荣获全国第二批"深化创新创业教育改革示范高校"，近年来，辽宁大学本科生承担大学生创新创业计划国家级项目 98 项、省级项目 281 项；在"互联网+""挑战杯"等创新创业大赛中，获得国家级奖励 18 项、省级奖励 563 项，并在 2016 年第九届全国大学生网络商务创新应用大赛中获全国总冠军。在本科生专业建设方面，辽宁大学获批省级创新创业试点专业 6 个、省级工程人才培养模式改革试点专业 2 个、省级应用转型试点专业 6 个、省级转型示范专业 2 个；在师资队伍建设方面，辽宁大学获得优秀教学团队国家级 1 项、省级 10 项，教学名师奖国家级 1 人、省级 20 人。另外，项目组成员形成了一系列与本项目相关的教育教学研究成果：出版著作 9 部，发表论文 45 篇，其中 CSSCI 论文 6 篇、北大核心论文 2 篇，成果被社会采纳 5 次，2 篇文章被全文转载；主持、参与各级教育教学立项 76 项，其中国家级 8 项、省级 68 项；获得各级教学奖励 62 项，其中国家级 7 项、省级 47 项。

1.4.4 生态环境行业领域技术研发和成果转化突出

由潘一山教授主持的煤矿巷道支护消能减震技术与装备、矿井动力灾害治理技术达到国际领先水平，3 次获得国家科技进步二等奖，研究成果在近百个矿井推广应用，取得了显著的经济效益和社会效益；由环境学院宋有涛教授主持的国家水体污染控制与治理科技重大专项课题，国拨经费 2 746 万元，地方配套 8 900 万元，形成了成套"北方山区型河流生态修复与功能提升技术"，并形成"技术指南"1 项，相关技术已在太子河流域山区段开展工程示范并推广应用；由化学学院房大维研究员开发的新型稀散金属铼催化材料生产工艺技术，研发了欧洲五号标准燃料油脱硫工艺、汽车尾气净化工艺等多项国际领先技术，获得省技术发明奖 2 项，建成年产吨级铼产品典型应用示范，制定了国内有色行业标准 2 项。

第 2 章

真实问题导向下的"学科建设-人才培养"一体化办学模式的提出

人才培养是大学的首要职能，是大学"双一流"建设的要义之一。在教育实践中坚持统一学科建设和人才培养，并将其始终贯穿大学治理，这不仅是"双一流"建设的精要，也是大学办学的逻辑起点。但在我国现实的大学办学中，未能真正实现学科建设和人才培养的统一，这已成为严重制约我国大学"双一流"建设全面达成的"瓶颈"。学科建设和人才培养之间的对立真的是无解的教育命题吗？如果不是，二者统一的理论基础和实践路径又是什么？

习近平总书记强调"每个时代总有属于它自己的问题，只要科学地认识、准确地把握、正确地解决这些问题，就能够把我们的社会不断推向前进"。当前我国一流学科建设在学科建设模式、人才培养思路、资源配置机制、考核评价制度等方面面临挑战。基于真实问题导向进行"学科建设-人才培养"一体化办学是大学创新驱动发展需要，也是新时代"双一流"战略实施需要，更是新形势下高等教育强国建设需要。学科建设和人才培养是高校建设和发展的重要维度。二者相互协同的程度直接影响高校学科建设和人才培养水平。要在现实问题指导下，加强学科建设与人才培养的相互支持和融合，促进高校高质量发展。本书所说的真实问题导向下的"学科建设-人才培养"一体化办学是指将真实问题贯穿于学科建设和人才培养的全过程，确立学科建设与人才培养并重的管理理念，通过政策、制度、激励机制等手段，将人才培养纳入学科建设规划，即以学科建设促进人才培养，以培养高素质人才支撑学科建设。

2.1 我国当前学科建设与人才培养的现状及存在的问题

2.1.1 我国当前学科建设与人才培养模式现状及问题

目前，各高校学科建设与人才培养常表现出不协调甚至冲突的现象，具体表现在以下三个方面。

（1）人才培养与科学研究脱节

在一所高校中，教学任务多的教师，往往科学研究工作偏少。在原有的教育评价体系中，教师职称评定时，科学研究和人才培养所占的权重失衡，科研成绩突出的教师可以更快获得发展，导致在很多高校内部出现重视科研轻视教学的情况。高校没有给教师提供用于科学研究和人才培养的丰富资源库和平台，以及没有形成人才培养、科学研究融合的机制性办法，使得将科研成果带入课堂等人才培养中的想法，常取决于教师的个人能力和情怀，进而造成人才培养和科学研究脱节。

（2）科学研究与成果转化脱节

从事科学研究的教师为追求成果数量、职称和人才"帽子"等，常忽视学术要服务于社会的学术价值观。一些教师的科研选题往往是自己"闭门造车"构想出的问题，而不是社会发生的实际问题，导致科研工作与社会经济发展和企事业单位实际需求间的差距较大，这样的研究工作即使做出成果，也必然导致科研成果不能转化或缺乏转化的针对性和实效性，造成一些教师科研产生的成果"政府看不上、企业用不着、市场没需求"的窘境，表现为科学研究与成果转化脱节。

（3）服务国家战略与人才培养科研工作脱节

服务国家战略需求被所有大学奉为圭臬，但这仅仅是大学中个别师生能做的专利呢，还是每个师生在日常大量的学习与科研中都能够为服务国家战略需求积极贡献力量呢？由于缺乏方法和载体，学生不了解社会真实环境、不懂国情省情、不接地气人气，这严重弱化了高等教育"四个服务"的实际效果。受评价导向、传统思维影响，服务经济社会发展职能相对弱化，造成服务国家战略与人才培养科研工作脱节，高校教学科研脱离社会实际的挑战依然存在。

2.1.2 我国当前学科建设与人才培养模式问题的成因

根据以上对我国当前学科建设与人才培养问题的探讨可以看出，目前存在的问题主要是由以下原因造成的。

（1）人才培养与学科建设融合不足

学科建设包括学术梯队建设和支撑平台建设等，而人才培养包括培养目标和规格。我国高校没有在学科建设和人才培养的构成要素的差异中，整合优质资源，导致人才培养滞后于社会经济发展，不能适应新形势需要。另外，院（系）间合作不充分，缺少跨学科的研究团队，学生跨院（系）选课、教学内容优选、课程优设存在制度障碍也不利于人才培养与学科建设的融合。

（2）高校与社会深度融合不足

传统的以学校为中心的人才培养模式已不能实现与社会的互动，更无法满足社会对于人才的需求。这需要高校在人才培养过程中实现学校与社会需求的深度融合。而目前多数高校与社会各相关机构多是浅层次的合作，只有高校与社会各机构能深度融合，了解各机构存在的真实问题，并让学生参与到解决行业内相关机构的真实问题过程当中，才能有效地培养学生与行业相关的创新创业能力，而目前很少有高校能够做到这一点。

（3）教师对学生能力培养不足

任课教师是学科建设和人才培养工作的直接策划者、组织者和执行者，是工作取得成功的关键因素。但在现实中，无论是何种类型的教师，多数都没有参加过紧跟时代发展的、适合学生创新创业等能力培养的专业教学培训，教师仅靠自己的摸索，很难在课堂教学中运用适宜的教学方式有效地培养学生的创新创业等能力。另外，多数任课教师难以接触到相关产业或企业实践中的真实问题，导致教师授课内容重理论、轻实践，教学内容与社会实际情况严重脱节，这已成为有效提升学生创新创业等能力的巨大障碍。

（4）管理层对学科建设和人才培养的顶层设计存在局限性

当前很多高校管理层对学科建设和人才培养的顶层设计存在一定的局限性。高校对学生能力的培养应该既兼顾学生创新能力，也兼顾其创业能力，而目前多数高校在设计人才培养目标时，并没有完全涵盖上述内容。另外，当前很多高校对于本校学科建设和人才培养缺乏贯穿全局的设计，没有可以适用于不同学科以及学生教育培养各个环节的方案。而这种设计的缺乏，导致各部门和教师在设计人才培养具体实施方案时存在不系统、不协调、不连贯的问题，从而形成单打独斗的局面，导致人才培养效果不佳。

（5）管理层对于学科建设和人才培养的具体模式缺乏深入思考

当前很多高校的管理层未能对学科建设和人才培养的具体模式进行深入思考，只是对各个部门与教师提出建设目标和培养目标，而对于实现目标的具体措施与方案没有有效的建议和组织制度支撑，导致在进行学科建设和人才培养过程中很可能由于缺乏思路与方法，或者缺乏相应的资源，而无法实现预期目标。

由此，当前我国高校必须深思学科建设和人才培养问题的成因，并对学科建设和人才培养的具体模式进行深入思考，设计出一套可以贯穿全局的学科建设和人才培养方案，摒弃以往学科建设和人才培养存在的局限性，从而解决目前学科建设和人才培养中存在的各种问题。

2.2　真实问题导向下的高校教师、学生、管理者对人才培养的定位

2.2.1　高校教师对人才培养的定位

不同类型的教育塑造不同类型的人才，因此，现代教育有严格的分工。但对高校教师来说，因为学生智力水平的核心是其思维能力，所以培养学生思维方式是人才培养的最终目的，这就要求高校教师要善于发掘学生的智力因素。学生的思维能力包括发现能力、分析能力、总结能力、实践能力和创新能力等，这几种思维能力是大学生应该具备的。但目前，我国高校设置的课程和考试更侧重分析能力的培养和考查，事实上这 5 种思维能力同等重要，教师应该在教学及实践中同时培养学生的这 5 种思维能力。

创新人才是指具备创新意识、思维、能力和人格，并向人类尚未认识的领域进军且富有创新成果的人才。高校教师通常将创新人才分为知识型、技术型和管理型三类，并将知识型人才看作优秀人才，因为他们能够在理论、科技、科研等方面实现创新并在实际操作中发挥作用；技术型和管理型人才则被视为应用型人才，所培养的目的在于为企业及国家在基础设施建设和生产方面提供服务，在实践中发挥积极作用。目前，因为高校主要是为社会和企业培养所需人才，所以，高校教师及学校定位以培养"知识结构强、创新意识强、适应能力强、动手能力强、服务能力强、综合素质高"的应用型人才为主。总之，高校教师应以创造性素质、社会适应能力、专业技能和知识、品德素质为基础来进行人才培养定位。

2.2.2　学生对人才培养的定位

目前，在校大学生群体对人才培养的定位主要分为关注知识的创新型、强调结业结果的应用型和对未来无规划的漠不关心型。创新型大学生更关注如何提高自己的知识水平，并以为国家和社会做出巨大贡献为理想；应用型大学生所关注的是通过学习到高水平的技能找到一份满意的工作；漠不关心型大学生不想为社会做贡献，也不想学习更多的知识和技能，对自己的未来和任何事情都不放在心上。面对当今市场经济的巨大压力，存在理想信念模糊、价值观扭曲、社会责任感不强、艰苦奋斗精神弱、团结协作观念不强等问题的大学生越来越多。其实大学生对人才培养定位的诉求就是找到满意的工作，这与教师和高校对人才培养的定位并不冲突，只是高校教师更侧重人才培养的过程，而学生期望的则是实用的结果，所以，大学教师和大学生间应是"授以渔"的关系，教师引导学生在实践中掌握能力提升方法，而学生也要清楚，学生和教师之间，教师相当于向导、顾问，而不是简单地传递知识。

2.2.3　管理者对人才培养的定位

高校领导在大学生教育过程中的作用体现在决策、监督、控制及评估。在传统的高校教育模式下，学校的领导位于"金字塔"顶端，但在现代的学习型教育机构中，学校领导要在领导者和管理者间随时切换身份。领导者的作用是带领众人寻找出路，为学校和学生的未来做好设计与规划；管理者的作用则是分析和总结当下学校和学生的状况，指引学校和学生未来的出口，促进学生在未来的学习与成长中正确认识自己，同时，管理者也应从学生的角度思考，注重学生创新精神的培养。管理者通过问题的提出、表达和执行来促进学生学习能力的提升；通过拥有的资源保障学生的学习；通过诚信教育培养学生道德品质，使学生成为真正优秀的人才。这是创新人才培养对管理者提出的更高要求。

2.3　真实问题导向下的"学科建设-人才培养"一体化办学理念的提出

马克思说："问题就是时代的口号，是它表现自己精神状态的最实际的呼声。"毛泽东同志说："问题就是事物的矛盾，哪里有没有解决的矛盾，哪里就有问题。"习近平总书记强调："每个时代总有属于它自己的问题，只要科学地认识、准确地把握、正确地解决这些问题，就能够把我们的社会不断推向前进。"

习近平总书记在关于"两学一做"学习教育的重要指示中进一步强调："要突出问题导向，学要带着问题学，做要针对问题改。"通过"找出问题、带问题学习、解决问题"的方法和程序，最终达到解决好自身问题、做一名合格的中国共产党党员的目的。"问题导向"学习方式对党员教育十分重要，对真正实现培养合格人才的教育目标也十分重要，并且为高校实施"学科建设-人才培养"一体化办学提供了新路子。实施真实问题导向下学科建设与人才培养一体化管理具有以下优势：

首先，有利于人才创新能力的培养。纵观世界科学的发展，无不是对我们现实生活中存在的真实问题的逐一解决，基于此，知识、技术和人们生活的水平才得以不断攀升、进步和提高。由此可见，将发掘现实存在的真实问题作为学习的出发点，将解决真实问题作为学习的目标，不但能够激发学生更深层次的思考，还能激发学生探究真理的热情和勇于攀登科学高峰的动力；同时，在真实问题的解决过程中也能够实现科技创新的突破及人才创新能力的培养。

其次，有利于人才创业能力的培养。回顾改革开放以来的历次创业大潮，成功的创业者无不是能够及时发现消费者存在的需求"痛点"，并解决了由"痛点"带来的社会问题。"互联网创业"的第三次创业潮中，针对中国人还没有属于自己的门户网站、免费邮箱系统、搜索引擎、网络社交工具、为中小企业服务的电子商务网站等问题,本土化互联网企业如雨后春笋般涌现并得到蓬勃发展。以新时代"个体创业"为特色的第四次创业潮中,人们对解决出行过程中信息不对称和"最后一公里"等问题的需求促成了"网约车"和共享经济的快速发展。由此可见,只有那些能够找准亟待解决的真实问题,并为这些真实问题提供行之有效的解决方案的人,才是真正具备创业能力的人才。因此,以真实问题为导向,培养学生解决问题的能力,必定是培养学生具备创业能力的一个切实可行的手段。

综上可知,真实问题导向下的"学科建设-人才培养"一体化办学模式可以有效培养出具有创新能力和创业能力的人才,因此可以作为高校人才培养模式改革的一个新方向。

2.4 真实问题导向下的"学科建设-人才培养"一体化办学模式的作用和现实意义

学科建设工作支撑人才培养成效,人才培养成效反映学科建设水平。"学科建设-人才培养"一体化办学模式的实施,具有重要的作用和现实意义,具体包含如下几个方面。

2.4.1 有效解决学生侧问题

首先,以问题为导向激发学生兴趣,并使学生在教师的指导下,以小组形式,共同解决复杂的、符合实境的问题,最终达成建构完整的基础知识并培养学生自主学习、解决问题、团队协作等能力的目的。因此,以真实问题为导向的人才培养模式可以让学生了解所学知识与现实问题之间的关联,通过学生自己对真实问题解决方案的寻找,归纳建构需要掌握的理论知识,极大地提高了学生的学习兴趣。

其次,学习是一个发现的过程,在此过程中,需承担主要角色的是学生,而不是教师。课程只是一个有形的骨架,其血肉来自师生间的交互作用;课堂上的师生交互需要前提,那就是学生对内容已经有所准备。而真实问题导向下的教学模式,恰恰需要学生在课前就对与课程相关的真实问题有所了解,并对真实问题的解决办法进行一定的思考与探究,对所学内容在课前做好充分的准备,实现主动学习。

2015 年,国际学生能力测试(PISA)结果显示,中国"期望进入科学相关行业从业的学生比例"为 16.8%,低于经济合作与发展组织国家的均值。这说明,科学技术相关职业对我国青少年的吸引力水平较低。为什么"当科学家"在中国逐渐失去吸引力了呢?这和学生认为科学工作不仅收入吸引力不强,而且工作负担重、需要奉献和牺牲有关。除了这种价值观的影响,学生对科学是否存在兴趣在很大程度上还依赖教育影响。而真实问题导向下的人才培养模式恰恰能解决以上问题,其通过让学生对现实世界存在的真实问题的探究与解决，从而使学生有效地将实践与科学理论有机结合，这不但能激发学生的成就感，还能极大地激发学生的科研兴趣。

2.4.2　有效解决人才培养的困惑与"瓶颈"问题

对于像辽宁大学这样的地方性大学，由于其入学生源与一流大学生源的差异性，其在人才培养方面与世界一流大学相比，具有天生的劣势。那么如何解决其在人才培养中的困惑？如何助其突破人才培养"瓶颈"呢？可以通过真实问题导向下的创新创业人才培养模式，为人才培养提供差异化定位。通过真实问题导向下的"学科建设-人才培养"一体化办学模式，可以使学生在学习期间就广泛接触社会的真实问题，并通过对真实问题的解决，拥有较强的社会实践能力与理论应用能力。

2.4.3　为教育部"新工科"建设提供可行的实施方案

"新工科"以处理变化和塑造未来为理念，将继承创新、交叉整合及协调共享纳入考虑范围，能够为多元化、创新型工程人才的培养提供途径及支持。真实问题导向下的创新创业人才培养模式则可为全校师生提供接触各行业和企业发展的机会，因此可以帮助师生在探究来自实践的问题过程中，发现行业的发展趋势，从而定位"新工科"、思考"新工科"、引领"新工科"、发展"新工科"。

2.4.4　将"跟班式"科研改成"跟着社会问题走式"科研

目前，许多教师在申请科研课题时，其选题大都来自现有文献，这种选题方式的最大问题是，在科研过程中仅能被动地做"跟班式"科研，很难找到最前沿的选题，并且研究成果由于常与产业需求脱节，对解决现实问题的意义也有待商榷。而在以真实问题为导向的"学科建设-人才培养"一体化办学模式中，教师可以把那些暂时没有成熟的解决方案的真实问题，转化为科学问题，形成申请各级别、各类别科研立项时的科研选题。由于这些科研选题是来自社会经济发展的真实问题，因而具有鲜活性和前沿性；由于其受到了产业发展的引导，因而具有重要的实践意义。这有助于教师为自己的研究找到方向，挖掘更多优秀的科研选题，获得科研立项的资助，助力科研成果的积累与转化。

2.4.5　实现真正意义的产学研合作

尽管"加大产学研合作力度"的口号喊得很响，但产学研合作效果却不尽如人意，其原因在于产学研合作过程中未能够有效地激励学研方的工作热情与动力。而真实问题导向下的"学科建设-人才培养"一体化办学模式强调学校成为产学研合作的主动牵头方，这会调动教师主动寻找感兴趣的问题转化为科研选题的积极性，因为这可以增加教师的科研成果，使其在晋职、评奖等职业生涯发展中获得充足回报，有效解决了产学研合作中学研方精神激励不够充足的问题。因此，真实问题导向下的"学科建设-人才培养"一体化办学模式非常有利于产学研合作的真正实现，即实现"产教融通"。

2.4.6　促进大学所在地区的经济振兴

因为真实问题大多来源于大学所在区域的行业、企业和单位等机构，所以，通过学校师生对真实问题的不断解决以及真正产学研合作关系的形成，可以逐渐解决所在区域面临的各类真实问题，从而促进当地经济的发展。而真实问题导向下的"学科建设-人才培养"一体化办学模式，也可以通过为当地提供更丰富的行业技术储备，输送更多具有创新创业能力的优秀人才，来更好地促进当地经济振兴。

第 3 章

真实问题导向下的"学科建设-人才培养"
一体化办学的理论构建

3.1 教育领域真实问题的研究现状与热点

3.1.1 国内研究现状与热点

真实问题内涵丰富,主要来源于生产实践或基于跨学科整合的问题等,能够发掘教学内涵、承载多样化教育功能并有效激发学生学习兴趣。以问题为导向的教学模式在国际上被广泛应用。真实问题既是以问题为导向教学模式的科学导向,也是以问题为导向教学模式的重要基石。基于以问题为导向教学模式的理论基础,辽宁大学真实问题研究中心提出了真实问题导向下的人才培养模式,将问题导向策略全面应用在高校人才培养体系中,将其贯穿于人才培养的全过程。

近年来,国内外相关学者对真实问题的研究逐渐深入,更新了基于真实问题的教育理念,建立了以问题为导向的教学模式和人才培养模式,促进了我国教育领域研究的发展。各类文章的发表量逐年递增,但其主题多、涉及面广,且多是定性分析,系统的定量分析极少,对真实问题在教育学科中研究的整体现状及趋势认识相对不足。文献计量学分析(bibliometric analysis)是一种总结历史研究成果和揭示未来研究趋势的重要工具,广泛应用于评价某领域发展现状和水平。因此,本章试图通过该方法,对教育学科中真实问题的相关研究进行系统的定量分析,进一步明晰其发展现状及研究走向。

3.1.2 数据来源与分析方法

本书基于中国知网(CNKI)1980—2021 年 7 月收录的文献数据,文献分类为社会科学Ⅱ辑,检索主题为真实问题,共检索到相关文献 745 篇,其中 187 篇期刊论文,87 篇博硕士论文,12 篇会议论文,12 篇中国重要报纸文章。采用文献计量分析软件 VOSviewer

及 CNKI 可视化分析功能对上述文献进行历年的发文数量以及主要发文期刊、研究机构、资助基金等的可视化与定量化分析。

3.1.3 文献整体分析

在 CNKI 数据库中教育学科内检索主题为真实问题的相关文献有 745 篇[1]，总被引频次为 3 073 次，篇均被引频次为 4.08 次。最早的论文是张贵新 1985 年发表在《高师函授》上的《从研究问题的着眼点来理解数学的真实含意[2]》。CNKI 数据库中文献数量年度变化趋势见图 3-1。教育学科内的真实问题出现于 1985 年，但该领域的研究直到 1999 年才正式开始。总体上来看，可将近三十几年该领域的研究分为三个阶段：1985—2005 年，教育学科内真实问题的研究开始进入萌芽阶段，此阶段的研究较少；2006—2016 年处于起步阶段，我国学者开始逐渐关注到真实问题的研究，该领域的发文量明显增多，从 6 篇（2006 年）到 24 篇（2016 年）；2017—2021 年，该领域论文数量显著上升，呈快速发展趋势。这主要是由于习近平总书记在 2016 年提出"以问题为导向"的思想理念，教育学科内真实问题的研究逐渐成为热点。2021 年 1—7 月，共发文 109 篇，预计全年发文量为 230 篇，达到新的顶峰。

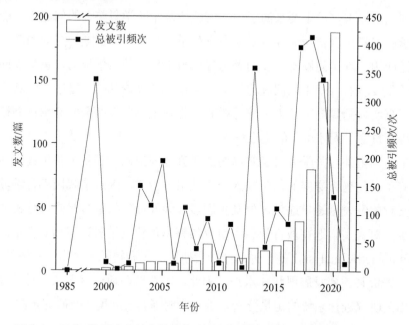

图 3-1　CNKI 数据库中教育学科内真实问题研究相关文献的年度变化趋势

---

① 检索时间截至 2021 年 7 月。
② 当时发表的论文名用的即为"含意"，现应为"含义"——作者注。

3.1.4　研究机构分析

图 3-2 展示了 1985—2021 年教育学科内真实问题研究领域发文量排名前 10 的机构，它们大多为师范类院校。华东师范大学以 31 篇的发文量位居高产机构的榜首，发文量在 10 篇（含）以上的还有南京师范大学（20 篇）、北京教育学院（17 篇）、广西师范大学（11 篇）、西南大学（10 篇）、云南师范大学（10 篇）。华东师范大学在累计发文数上居首位，但其篇均被引频次仅为 25.61 次。而陕西师范大学发文量虽不是很高，但篇均被引频次却高达 49.83 次，位于篇均被引频次第 1 名。此外，西南大学、北京师范大学篇均被引频次也较高，分别为 14.80 次和 12.13 次。

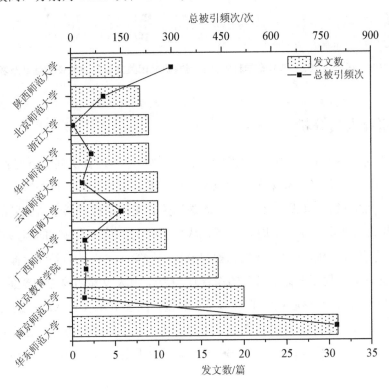

图 3-2　1985—2021 年教育学科内真实问题研究领域发文量排名前 10 的机构

3.1.5　基金分布分析

图 3-3 展示了 1985—2021 年教育学科内真实问题研究领域所受基金资助文献的具体情况。由图 3-3 可知，该领域相关研究论文所获的基金支持，主要来源于国家级及省市级的教育科学规划课题项目，其中全国教育科学规划课题有 19 篇发文量，占比为 32.76%，远超其他的支持基金。该领域发文量≥5 篇的资助基金还有江苏省教育科学规划课题

（10篇，17.24%）、福建省教育科学规划课题（8篇，13.79%）、教育部人文社会科学研究项目（6篇，10.34%）及北京市教育科学规划课题（5篇，8.62%）。

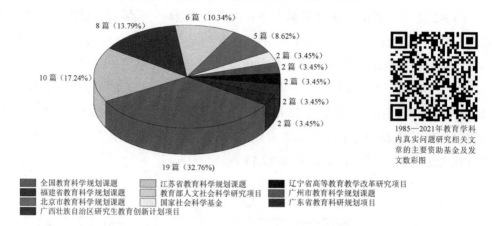

1985—2021年教育学科内真实问题研究相关文章的主要资助基金及发文数彩图

图 3-3　1985—2021 年教育学科内真实问题研究相关文章的主要资助基金及发文数

3.1.6　研究人员分析

表 3-1 展示了 1985—2021 年 CNKI 数据库中教育学科内真实问题研究领域前 10 名的高产作者，前 10 名作者主要来源于师范类院校或教育科研机构。该领域发文量最多的作者是浙江大学的刘徽，共发表 6 篇；其次是福建省厦门市教育科学研究院的江合佩，发表 4 篇；其余高产作者发文量均为 3 篇。从被引频次来看，该领域的高影响作者主要是华中师范大学的王后雄，以 23 次的总被引频次位居第 1 名，其后是江合佩，总被引频次为 18 次。发表文章数在 3 篇及以上的作者有 11 人，其发文量占文章总数的 4.90%，表明当前研究者众多，但是核心网络的雏形尚不明显。图 3-4 展示了 1985—2021 年相关研究领域前 30 名发文作者的合作共现图谱。可以看出，在团队合作方面，各作者共同出现较少，学者们相对独立且合作关系十分薄弱，未形成重要的研究团队，不利于该领域的持续发展。

表 3-1　1985—2021 年教育学科内真实问题研究领域前 10 名作者所属机构、发文量及被引频次情况

作者	所属机构	发文量/篇	总被引频次/次
刘徽	浙江大学	6	4
江合佩	福建省厦门市教育科学研究院	4	18
王后雄	华中师范大学	3	23
杨向东	华东师范大学	3	10
苏小兵	华东师范大学	3	10
潘艳	上海市实验学校	3	10

作者	所属机构	发文量/篇	总被引频次/次
姜建文	江西师范大学	3	8
许燕红	广西师范大学	3	7
曹坚红	上海市静安区教育学院	3	5
薛仕静	温州市鹿城区教育研究院	3	6
徐玲玲	浙江大学	3	0

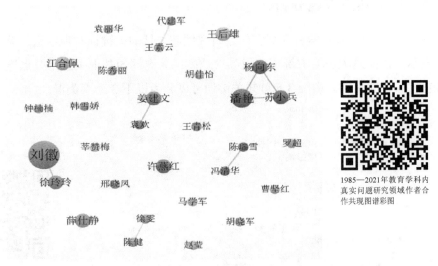

1985—2021年教育学科内真实问题研究领域作者合作共现图谱彩图

图 3-4　1985—2021 年教育学科内真实问题研究领域作者合作共现图谱

3.1.7　载文期刊分析

CNKI 数据库中该领域载文前 10 名的期刊如表 3-2 所示,《中学化学教学参考》和《化学教与学》是发文最多的期刊,发文量均为 16 篇,其中前者总被引频次为 29 次,篇均被引频次为 1.81 次。《化学教育》（中英文）的篇均被引频次为 6.64 次,远超过其他高发文的期刊。此外,《化学教育》（中英文）、《化学教学》、《地理教学》和《中学物理教学参考》均是北京大学核心期刊,学术影响力较大,值得我们重点关注。

表 3-2　1985—2021 年教育学科内真实问题研究代表性期刊发文量及被引频次情况

载文期刊	发文量/篇	总被引频次/次	篇均被引频次/次
《中学化学教学参考》	16	29	1.81
《化学教与学》	16	20	1.25
《上海教育》	13	5	0.38
《江苏教育》	12	9	0.75
《化学教育》（中英文）	11	73	6.64

载文期刊	发文量/篇	总被引频次/次	篇均被引频次/次
《地理教学》	10	26	2.60
《考试周刊》	8	4	0.50
《中学物理教学参考》	8	8	1.00
《中国信息技术教育》	8	4	0.50
《化学教学》	7	20	2.86

3.1.8　研究热点主题分析

图 3-5 展示了教育学科内真实问题研究领域文献的关键词共现图谱，关键词节点用圆圈表示，圆圈越大表明关键词出现频次越高；关键词的共现关系用节点连线表示，不同颜色代表不同聚类。由图 3-5 可知关键词可以分为以下 3 个聚类群。

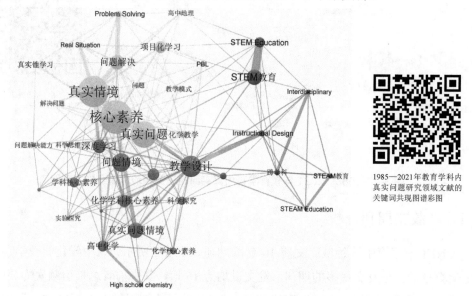

1985—2021年教育学科内真实问题研究领域文献的关键词共现图谱彩图

图 3-5　1985—2021 年教育学科内真实问题研究领域文献的关键词共现图谱

（1）红色聚类

以教学设计、问题情境、深度学习、真实问题情境及学科核心素养等关键词为核心，关注基于真实问题情境的教学设计及学科核心素养培育等方面。在情境学习中，知识是社会情境下的种种活动，是能够协调人类各种行为动态地适应环境发展变化的能力，是环境与个体交互构成的一种状态。因此，要把创设真实情境、激发学习主动性、改变学习方法作为重点，在课程设计上增加情境教学，鼓励教师基于真实情境开展教学设计，培育学生在真实问题情境下深度学习的能力，以达成学科核心素养的培育。

（2）黄色聚类

主要以核心素养、真实情境、真实问题、问题解决及项目化学习等关键词为核心进行连接。核心素养意味着学生应具备综合运用学科知识、方法及观念，解决复杂的、不确定性的真实问题的能力。在以核心素养为关键要素的背景下，学生需要不断与真实情境互动，以解决真实问题为目的，系统掌握学科问题解决的认知模型及其关键特征，形成项目化学习的科学思维。在项目化学习的过程中，教师通常将复杂的现实问题设计为真实项目，以问题解决及学习目标为导向，通过学习过程激发学生的创新意识，便于其发挥主观能动性，系统性整合学生能力、品格及观念，并指向复杂的真实问题情境下问题解决的核心素养。

（3）紫色聚类

主要以 STEM 教育、跨学科及 Instructional Design 等关键词为核心进行连接。STEM 教育即科学、技术、工程和数学的英文首字母缩写，是一种通过学科融合培养创新型和复合型人才的教育方式。STEM 教育强调以问题解决为任务驱动，有效融合多学科的各种知识，将各个学科整合成一个有机的整体，在实践中应用学科知识，培育学生面对真实问题的创新意识、复合思维及解决问题的能力。STEAM 教育是在 STEM 教育的科学、技术、工程和数学相互融合基础上加入艺术类学科，通过融合各类跨学科知识，培养跨学科素养，鼓励学生融合多学科知识解决真实问题，提升跨学科思维和创造性思维。

3.1.9　国内外比较研究

国内外存在文化背景的差异，使得社会、学生对人才培养的理解也存在不同，进而导致国内外人才培养模式存在本质区别。

（1）培养学生理念上的差异

发达国家高校人才培养模式的核心侧重利用先进的教育理念制定综合的、跨学科的课程体系以及注重营造宽松的学习氛围和积极推动国际交流合作。它们的学生更多是依据自主兴趣的知识进行探索与学习。而国内尚缺少学生的自我负责和自我管理等机制，致使高校、家长和学生面临思想束缚，家长和高校不能完全让学生依据自主兴趣自由选择，这在某种程度上限制了学生的创新性和创造性。

（2）课程设置方面的差异

发达国家高校课程设置以学生为核心，强调学生多方向发展和自主学习，通过设置跨学科与个性化专业，使课程体系和考试方式多样化，鼓励引导学生积极参加课外实践活动，充分挖掘学生创新热情。而我国高校的课程安排多是以技能型为主，很容易被快速发展的新技术淘汰，导致学生学习到的技能不能跟上社会和技术的发展。此外，我国高校对科学研究方法设置的课程偏少，即使设置这样的课程，学生也会因主观认为通过这类课程获得的水平提升短期内难见成效而不够重视此类课程。

（3）教育及教学方法上的差异

发达国家的高校在教育及教学方法实践方面的成功经验，包括课程教学和实践教学形式灵活、校园活动丰富、调动学生主动参与科研活动积极性等，使学生创新意识和精神被激发出来。而我国高校普遍采用课堂讲授，强调系统性传授知识，侧重对记忆的考察，同时，布置的多为有标准答案的线性作业，不能启发学生对教学内容进行更深层次的思考。

3.1.10 总结与展望

真实问题既是问题导向的重要基础，也是以问题为导向的教学模式的根本理念，对我国教育学科的发展有着重要的现实意义。教育学科内真实问题研究领域的发展主要分为萌芽阶段（1985—2005 年）、起步阶段（2006—2016 年）、快速发展阶段（2017—2021 年）。相关研究多刊载在《化学教与学》和《中学化学教学参考》等期刊上，高产作者主要分布在师范类院校及教育科研机构，受到国家及各省市级教育科学规划课题的资助。

近年来，国内外有关学者对真实问题的研究逐渐深入，更新了基于真实问题的教育理念，建立了以问题为导向的教学模式，促进了我国教育领域研究的发展。其研究内容可以分为三个方面：基于情境学习理论，开展基于真实情境的教学设计，培育学生在问题情境下深度学习的能力；以解决问题为目的，系统整合能力、品格及观念，培育指向复杂的真实问题情境的核心素养；在问题驱动背景下，通过跨学科式的 STEM 教育，培育学生面对真实问题的解决能力、复合思维及创新意识。

此外，当前真实问题的教育研究主要集中在初中等教育层面，我们将真实问题的教育理念应用于高等教育领域，为高等教育领域人才培养模式提供了新的设想及视角。基于研发的问题专业枢纽网络平台——"砍瓜网"，我们还构建了集"问题提出—问题搜集—问题应用—问题解决—问题反馈"于一体的"新工科"生产教学科研创新链，有效整合企业、高校及科研机构的研究资源，使真实问题贯穿于产学研的全部过程。其具体思路见图 3-6，通过搜集企业及社会生产中的真实问题，将真实问题应用在高校人才培养过程中，通过教师教学、学生创新及合作研究等方式，探索真实问题的解决方案，同时将解决方案反馈给真实问题的来源方，以便其解决真实问题并对方案有效性进行评估。

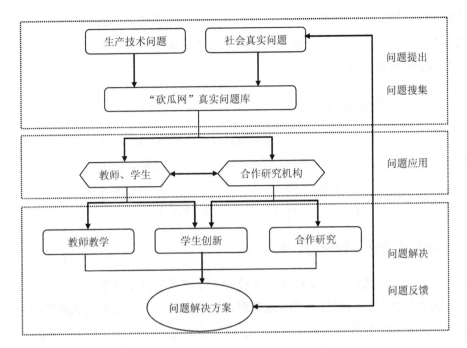

图 3-6　真实问题导向下基于"砍瓜网"的"新工科"生产教学科研创新链

3.2　"学科建设-人才培养"一体化办学面临的真实问题

要从我国学科建设和人才培养的发展逻辑和需要出发，进行通观、专题和综合比较。通观比较强调研究美国等"早发内生型"和欧盟等"后发外生型"学科建设和人才培养模式，把握高校学科建设和人才培养的国别范式；专题比较侧重依据重要性和共同性原则，从指导理论、地位作用、实践模式等维度开展研究；综合比较突出研究不同国家高校创业教育在区域性、历史性、民族性、群体性等方面的差异性以及创业素质形成和创业教育接受认同等普遍性规律。通过比较研究，分析得出我国实现真实问题导向下的"学科建设-人才培养"一体化办学阻碍主要归于学科建设模式有待优化、人才培养思路有待创新、资源配置机制有待改革和考核评价制度有待健全等方面。

3.2.1　学科建设模式有待优化

学科结构是否合理在一定程度上可决定学科发展潜力。部分高校一味贪大求全，追求面面俱到地打造综合性学科布局，忽视学校经过长期积淀形成的办学基础、定位及特色；还有部分高校急功近利，偏激地将有限的资源过度集中投入个别学科，这种"只见树木，不见森林"的做法破坏了高校学科结构的稳定。此外，由于历史和政策等，部分高校的学院与学院之间、学科与学科之间存在壁垒，使得跨院（系）、跨专业活动的有效组织存在困难，对学科之间的真交叉、深融合造成极大束缚，降低了学科服务社会需求的能力和学科建设的效率。

3.2.2　人才培养思路有待创新

学科建设和人才培养的核心力量是师资队伍。习近平总书记指出，人是科技创新最关键的因素，创新的事业呼唤创新的人才。我国要在科技创新方面走在世界前列，必须在创新实践中发现人才、在创新活动中培育人才、在创新事业中凝聚人才，必须大力培养造就规模宏大、结构合理、素质优良的创新型科技人才。

3.2.3　资源配置机制有待改革

经费、政策、招生指标是支撑学科建设和人才培养的重要资源。部分大学缺乏校级层面的资源统筹规划、协调管理及有效监督，使得支撑平台局限于院系或学科内的教学与科研工作，不利于各院级、各学科间在学科建设和人才培养方面的交叉融合。

3.2.4　考核评价制度有待健全

从投入、过程、结果等角度开展考核评价是评判人才培养和学科建设路径是否可行、资源配置是否科学、建设举措是否有效的重要手段。当前高校缺少内部学科评价机制，致使内部问题的反映更多地依赖外部评价。尽管外部评价可以满足高校的横纵向对比需求，但仅依赖外部评价，并不能为校内学科建设精准诊断，主要表现为以下弊端。

（1）国外学科领域与国内学科目录不对应

基本科学指标数据库（ESI）是对 22 个学科领域进行排序，全球高等教育研究机构夸夸雷利·西蒙兹公司（QS）则是 5 个领域 48 个学科，而我国 2018 年的《学位授予和人才培养学科目录》中共设置了 111 个一级学科。国内外学科领域的不对应，造成各高校难以通过国际排名对校内各学科进行精准诊断。

（2）国外评估内涵与国内学科需求不对应

ESI 在相关学科领域的排名主要基于论文情况，数据相对清晰，但指标过于单一，难以全面反映学科水平，更不符合克服唯分数、唯升学、唯文凭、唯论文、唯帽子的导向以及我国高校学科内涵建设的要求，仅可作为我国高校开展考核评价的参考。QS 尽管评价因素多元，但主观指标过多，影响评估结果的准确性。

（3）促进学科交叉融合的评价机制不显著

首先，我国教育部学位与研究生教育发展中心针对跨学科成果在学科建设和人才培养中如何评价的问题，创新提出"归属度"的成果认定办法，各学科依据成果内涵核算成果认定比例，为跨学科成果归属的认定提供了新思路，但这不能突出考核评价在学科交叉研究与建设中的引导与激励作用；其次，国外评价结果存在学科领域与国内学科目录不对应问题而难以引导我国学科交叉建设，不利于对复合型专业人才的培养。

3.3　真实问题导向下的"学科建设-人才培养"一体化办学基本原理

结合我国学科建设和人才培养的时代需求、文化特征和实践历程，本书对高校学科建设和人才培养的本质论、目的论、价值论、主体论、过程论、评价论等问题，做本土化阐释。本质论强调挖掘学科建设和人才培养的基本特性和发展规律；目的论侧重把握学科建设和人才培养的目标与核心任务；价值论重在探究学科建设和人才培养价值的本质意蕴和价值取向；主体论突出阐释学科建设和人才培养主体的功能发挥、素质结构及发展路径；过程论强调明晰学科建设和人才培养的关键环节、过程阶段和运行机理；评价论侧重构建学科建设和人才培养指标体系和评价标准。

我们的总体建设理念是：改革传统教学、科研、社会服务相互独立的模式，按照"世界一流"的标准，主打"区域牌""地方牌"，全力服务东北振兴和东北亚区域合作，努力为推动东北地区实现全面振兴、全方位振兴，促进东北亚区域合作发展提供理论支撑、"辽大方案"和标杆示范，建立起真实问题导向下人才培养、科学研究、服务社会相互贯通的一体化新机制。

我们的总体建设内容是以学科建设统筹人才培养。通过统筹规划、整体推进，明确学科方向，实现学科建设与人才培养的融合；以学科建设统筹科学研究，要求课程负责人注重教师科研成果与专业人才培养的结合，鼓励老师将科研成果带入教学；以学科建设促进社会服务，主动加入地方服务型教育体系，为地方经济社会发展提供人才与技术支持和保障；以学科建设统筹资源配置，发挥各系在教学和科研资源配置中的重要作用；以学科建设引领教师队伍建设，培养一批批科研业务强、教学水平高的师资队伍，实现科研能力和教学水平双提高。

总之，构建真实问题导向下的可以打通"人才培养、教学改革、科学研究、社会服务和师资队伍建设"间壁垒的机制和达成路径，是实现真实问题导向下的"学科建设-人才培养"一体化办学的理论基础。

3.4　真实问题导向下的"学科建设-人才培养"一体化办学指标体系

3.4.1　指标体系构建原则

（1）科学性原则

评价指标体系源于真实问题与理论的结合，是抽象概念的客观描述，是学科建设与人才培养过程中最重要的、最本质的和最有代表性的东西，且严格控制数据的准确性。

（2）实用性原则

评价指标体系不烦琐，数据易采集。

（3）系统性原则

以系统优化为原则，采用系统方法，设计指标数量及其体系结构，统筹兼顾各方关系。

（4）可比性原则

在不同对象间找出共同点，按共同点设计评价指标体系，并具有通用可比性。

3.4.2　指标体系构建方法

分析法将综合评价指标体系的评价对象和目标分成若干部分，并逐层细分到每部分都能由具体统计指标来描述。分析法构建指标体系需要删除不重要且重复的指标，这是通过重要性、整体必要性和一致性测验实现的。

（1）指标体系整体测验

1）重要性测验。删除含义相同的指标，同时经过重要性排序之后，有些指标对于所反映的主题是偏离的，也需要删除。关于指标的这一特点是通过计算指标的集中程度和离散程度来确定的。

集中程度：显示的是该指标的期望值，值越大说明该指标越重要。

$$E_i = \frac{1}{P}\sum_{j=1}^{5} E_j n_{ij}$$

式中，E_i —— 专家评价结果中第 i 个指标的集中程度；

　　P —— 专家人数；

　　E_j —— 第 i 个指标被评为第 j 级重要程度的数值，其中 $j=1$ 为极重要，$j=2$ 为很重要，$j=3$ 为重要，$j=4$ 为一般，$j=5$ 为不重要；

　　n_{ij} —— 第 i 个指标被评为第 j 级重要程度的专家人数。

离散程度：其数值代表了指标的可靠度，值越小代表可靠度越高。

$$\delta_i = \sqrt{\frac{1}{P-1}\sum_{j=1}^{5} n_{ij}(E_j - E_i)}$$

式中，δ_i——第 i 个指标的专家评价的离散程度。

2）整体必要性测验。从综合评价指标体系整体出发，以指标是否是评价高校创新人才培养的必要指标为评判标准，保留必要的指标，删除非必要的指标。

3）一致性测验。一致性测验可以反映评价指标体系与评价方法之间是否具有一致性。

（2）指标体系层次分析

指标体系层次包括指标体系的层次个数和上一层次所包含的下一层次的指标个数两个方面的内容。层次个数和层次内指标个数是辖制关系，层次个数越多，层次内指标个数就越少。

（3）指标体系结构聚合分析

聚合分析包括相关性聚合分析和功能聚合分析。相关性聚合分析是把经过相关性分析的指标按照相关性高低排列，把相关性高的聚合到同一个组里的分析方法。功能聚合分析是把相同功能的指标列到同一组里的分析方法。采用上述方法，结合我国学科评估指标体系，得出如表 3-3 所示的支撑真实问题导向下的"学科建设-人才培养"一体化办学的重要指标体系。

表 3-3　真实问题导向下的"学科建设-人才培养"一体化办学指标体系

一级指标	二级指标	三级指标
A. 人才培养	A1. 思政教育	S1. 思政教育特色与成效
	A2. 培养过程	S2. 课程建设与教学质量
		S3. 科研育人成效
	A3. 在校生	S4. 在校生代表性成果
		S5. 学位论文质量
	A4. 毕业生	S6. 学生就业与职业发展质量
		S7. 用人单位评价
B. 学科建设	B1. 师资队伍	S8. 师德师风建设成效
		S9. 师资队伍建设质量
	B2. 平台资源	S10. 支撑平台和重大仪器情况
	B3. 科研成果	S11. 学术论文质量
		S12. 专利转化情况
	B4. 科研项目与获奖	S13. 科研获奖情况
		S14. 科研项目情况
	B5. 社会服务	S15. 社会服务贡献

3.5 真实问题导向下的"学科建设-人才培养"一体化办学方法体系

我国高等教育综合改革不断深化，但发展不平衡、不充分的矛盾依然存在。主要表现为人才培养与科学研究相脱节、科学研究与成果转化相脱节、人才培养科研工作与服务国家战略相脱节的"三个脱节"。教学、科研脱离社会实际的问题依然突出，影响了高等教育"四个服务"的实施效果，表现为高校服务社会经济发展能力降低。基于上述情况，辽宁大学早在 2016 年开展了针对教学、科研、服务社会脱节问题的探索，构建真实问题导向下人才培养、科学研究、社会服务一体化办学机制。"学科建设-人才培养"一体化办学要立足于学生发展特点与成长规律以及我国学科建设实际，研究高校人才培养和学科建设的实践方法原则、哲学方法论和具体教育方法等。实践方法原则侧重学科建设和人才培养实践方法的体系、性质和特点等的研究；哲学方法论突出学科建设和人才培养的原则、基本方法等内容；具体教育方法强调体验教学、案例教学和"学徒制"教学等特色性方法在人才培养中的综合应用。

辽宁大学作为地处东北地区的省属综合性大学和"世界一流学科"建设高校，改革传统教学、科研、社会服务相互脱节的模式，按照"中国特色""世界一流"，建立起真实问题导向"学科建设-人才培养"相互贯通的一体化新机制。为促进产教供需双向对接，挖掘更多教学、科研成果服务东北经济建设，辽宁大学坚持"问题导向"，成立"真实问题研究中心"，建设真实问题网站"砍瓜网"，面向东北地区的行业、企业、单位等不断搜集生产经营中的真实问题。在汇聚的真实问题中甄选典型案例，搭建跨学院实践平台，专业覆盖率达到 100%。截至 2021 年，学校已搜集相关问题 2 万余个，涵盖太子河水生态环境改造、矿山动力灾害监测预警、新药研发、稀散元素提纯等企业遇到的"卡脖子"问题。在树立问题导向的新办学理念，建立问题导向的真实问题研究中心基础上，结合真实问题导向下的"学科建设-人才培养"一体化办学指标体系，我们还开展了包括创新真实问题导向下的人才培养模式、创新真实问题导向下的科学研究模式、创新真实问题导向下的社会服务模式和创新真实问题导向下的长效制度建设等"学科建设-人才培养"一体化办学方法体系的有益探索与尝试。

3.5.1 创新真实问题导向下的人才培养模式

在汇聚真实问题中甄选典型案例，搭建跨学院实践平台，专业覆盖率达到 100%，将辽宁大学校园之外发生的真实问题，第一时间带到校园，并分解成学生通过自主学习能解决的几个模块，作为学生课程讨论题目、毕业设计题目、大学生创新大赛题目，逐步引导学生摒弃以前自己在脑中想象问题的方式，并形成自主学习、构建知识体系等方式自觉培养解决真实问题的技能。这种育人模式，称为问题导向的教育（problem-based education，PBE）模式。全力支持学生把真实问题作为创新创业大赛和毕业论文（设计）选题，目前辽宁大学学生毕业论文、毕业设计、创新大赛的选题有 80%来自真实问题。人才培养模式不断深入改革，促成学生培养质量逐步提升，专业布局和结构不断优化，创新创业教育持续深化，学生发展提升度明显。近 5 年，辽宁大学年均就业率达 96.4%，升学率达 33%。在校生获国际、国内大学生竞赛奖 203 项，获奖数量、质量大幅度提升。

3.5.2　创新真实问题导向下的科学研究模式

鼓励教师积极围绕真实问题开展科研立项和申报科研课题。先后与辽宁省营口市、丹东市等各级政府、多家企事业单位共建校地校企研究院 45 个。城市研究院采取市场化运作模式，发挥辽宁大学的省内辐射作用，推动产业技术升级和自主创新，促进地区经济发展和科技创新。科研人员深入企业一线，依托真实问题联合攻克关键核心和共性技术，解决行业企业技术难题。在总结提炼的基础上，把真实问题上升到不同学科的科学问题，作为教师申请各类科研基金和项目的科研选题，作为教师社会服务的选题。近 5 年，累计获得国家社会科学基金重大和委托项目、教育部哲学社会科学研究重大课题攻关项目、教育部后期资助重大项目 26 项，获得国家自然科学基金重点项目 2 项。其中，国家社会科学基金重大项目 9 项，总数并列全国第 35 位、一流学科建设高校第 11 位。省级以上科研平台数量达到 24 个，125 项科研成果获省部级以上奖励。

3.5.3　创新真实问题导向下的社会服务模式

真实问题导向下的社会服务模式，使真实问题成为辽宁地区"产教融合"、高端智库建设、科技成果转化的源头活水。辽宁大学牵头成立了辽宁省第一个校企联盟——辽宁法律服务业联盟，加入该校企联盟的单位有 25 家。发挥学校智力优势，打造人大代表智库服务平台等新型高端智库 7 个、省级智库 5 个、教育部国别和区域研究中心 4 个、国家民委"一带一路"国别和区域研究中心 1 个、民政部政策理论研究基地 1 个、省级重点实验室 13 个、省级工程技术研究中心 5 个、省级工程实验室 3 个、省级工程研究中心 3 个、省级实验教学示范中心 9 个、省级虚拟仿真实验教学中心 2 个、国家级虚拟仿真实验教学项目 1 个、省级虚拟仿真实验教学项目 8 个，在服务国家战略和辽宁全面振兴中发挥示范作用，在解决问题中实现创新，促进产教供需双向对接，真正把解决问题的办法、研究问题的成果落实到东北大地上来。

学科秉承"明德精学，笃行致强"办学理念，发挥学术团队和人才优势，始终把为社会发展培养高素质创新人才和提供强力科技支撑作为己任，并在新冠肺炎疫情期间为疫情防控做出自己的贡献。①发挥多学科交叉优势，服务地方生态环境治理。环境科学与工程学科联合经济、法律等辽宁大学优势学科群，为省环境污染防治、生态建设提供技术和决策咨询服务。例如，成立辽宁大学司法鉴定中心并获得生态环境部环境损害鉴定评估资质，开展 2 万余件鉴定评估、7 500 余人次技术培训工作；编制并发布《辽宁省大气污染防治规划》《辽河流域水生态监测与评价技术指南》等，体现了"辽大责任"。②提供关键技术支撑，解决国家和区域生态环境问题。围绕矿山环境安全、流域污染治理等技术难题开展攻关，共主持国家重点研发计划和科技重大专项等 5 项重大课题，研发的巷道防冲击地压支护技术及装备在全国 122 个矿区矿井推广应用，保障了近 10%煤矿无环境损害产生，获得国家科技进步二等奖；北方山区型河流生态修复与功能提升技术体系在太子河开展工程示范，为辽河流域摘掉重度污染河流"帽子"做出了重要技术支撑，贡献了"辽大力量"。③举办高层次学术会议，助力区域经济绿色发展。创办"北方环境论坛""东北环境院所长论坛""中俄矿山开采岩石动力学国际高层论坛"系列学术品牌，围绕区域需求，举办了 50 场国内外会议；与企业合作主办了东北亚（沈阳）国际环保博览会、中加国际环保技术交流会、辽宁省国际环境与能源技术成果展，促成本学科与德国史太白、韩国 C&K 协会等合作成立技术转移基地并开展成果转化，受到辽宁省委、省政府领导的高度重视，打造了"辽大舞台"。

3.5.4 创新真实问题导向下的长效制度建设

加强教学、科研、学生竞赛、研究院等制度建设，出台《辽宁大学本科教育高质量发展若干意见》《辽宁大学加强哲学社会科学学科咨政工作的若干办法》《辽宁大学横向科研项目管理办法》《辽宁大学科技成果转化管理办法》《辽宁大学城市研究院副院长聘任管理办法》《辽宁大学专利工作管理办法补充细则》《辽宁大学重大科技成果培育计划实施方案》《辽宁大学本科专业结构优化调整实施方案（2018—2022 年）》《辽宁大学理工科振兴计划》《辽宁大学促进学科交叉融合指导意见》等系列文件 10 余个，有力保障人才培养、科学研究、社会服务一体化机制作用长效发挥。

经过多年的探索实践，辽宁大学形成了真实问题导向下人才培养、科学研究、服务社会相互贯通的一体化新机制，以"国家急需、世界一流"为根本出发点，瞄准国家和地方重大战略需求，聚焦关键领域的"卡脖子"问题，实现核心技术突破。同时又以重大问题的解决产出一流成果、培养一流人才，实现人才培养、科学研究和社会服务一体化推进，进而推动世界一流学科大学建设，服务东北全面振兴、全方位振兴。

第二篇 实践应用

　　辽宁大学为世界一流学科建设高校、"211 工程"大学,其环境科学与工程学科源于 1958 年创办的生物学专业。现有环境科学与工程一级学科博士点,环境工程为国家一流本科专业建设点,环境科学为省重点学科。学院教师 63 人,包括国家"百千万人才"第一层次 1 人、"万人计划领军人才"1 人、新世纪"百千万人才"1 人,国务院特殊津贴专家 2 人,省优秀专家 2 人。近年来,学科教师获国家科技进步二等奖 3 项、全国创新争优奖 1 项、国家教学成果二等奖 1 项,省部级科研、教学奖励 17 项;主持国家重大科技专项、国家重点研发计划等国家级项目 40 余项,经费合计 1.6 亿元,在 JACS、EST 等 SCI 期刊发表论文 300 余篇,获国家专利 220 余项,转化 17 项。2011 年开始探索环境工程学科建设与生产实际结合,并逐渐走上了由理论指导的真实问题导向下"学科建设-人才培养"一体化办学模式探索,学院因此进入高速发展的快车道。本篇以获批国家一流专业建设点的环境工程本科专业为例,以国际工程教育认证体系为参照,系统性地介绍真实问题导向下的"学科建设-人才培养"一体化办学模式的实践应用情况。

第 4 章

真实问题导向下的学生培养体系建设

4.1 学生培养体系建设中的真实问题

在创新型国家建设中，高校肩负神圣使命，但部分高校在培养学生创新意识和精神以及实践能力等方面存在短板，迫切需要更新人才培养理念和模式并加强学生实践能力和创新精神培养，这也是新时代背景下企业对高校毕业生提出的新要求。而高校培养毕业生创新能力的周期长，导致创新型人才供不应求，这已成为限制各产业领域发展的关键因素。对高校来说，在建设创新型国家的关键时期，培养学生能力是展现人才培养水平的关键因素之一，使得构建学生培养体系也成为高等教育改革的重要研究课题。

在此背景下，如何通过学生培养体系建设来弥补校园与实际生产的脱节，提升学生解决复杂工程问题的能力和学生综合创新能力等就成为高校学生培养体系建设所需要解决的真实问题。辽宁大学作为地方高水平综合性大学，必须以服务区域甚至是全国经济社会发展为目标，准确识变、科学应变、主动求变，按照"科教协同、产教融合、理实融合"要求构建学生培养体系，开展真实问题导向下学生培养体系建设的探索与实践，以期从学生培养体系角度为具备良好身心素质、人文素养、职业道德、社会责任感、创新意识和国际视野等的高素质应用型环境领域专业人才的培养提供有力支撑。

4.2 吸引优秀生源的制度和措施

4.2.1 本专业 2018—2020 年生源情况

生源质量事关高校人才培养质量和办学水平、学科建设和社会事业发展，是高校人才培养质量保障的基础。环境工程专业现面向 10 个省（区、市）招生，根据各省（区、市）的招生比例择优录取。随着专业迅速发展，自 2019 年起招生计划由原来的 36 人提高到 60 人（表 4-1）。目前生源充足，每年能够满额录取。

表 4-1　2018—2020 年环境工程专业招生录取情况

年份	招生计划数/人	实际录取数/人
2018	36	36
2019	60	60
2020	60	60

4.2.2　吸引优秀生源的具体措施及执行情况

4.2.2.1　招生制度和机制

学校每年制订招生简章，严格遵守招生录取工作规定，确保考试招生组织实施的公平、公正、公开。学院成立制订本科招生计划和宣传方案的领导小组，并对学院招生情况进行总结分析。部分环境工程专业教师作为招生宣传工作组成员到重点高中走访、参加现场咨询会、利用网络云宣讲等形式和渠道进行本专业的招生宣传工作、介绍专业情况和特色，扩大了专业认知度和影响力。

4.2.2.2　吸引优秀生源的具体措施

（1）积极开展线上线下宣传

积极参加教育部高考阳光平台、省级招生主管部门网站组织的网上咨询活动，以及省、市级招生主管部门组织的现场招生咨询会，曾多次被相关媒体报道和转载。在学校网站及学院网站及时发布辽宁大学本科招生简章、环境学院及专业介绍。为方便招生宣传，制作便于查阅信息的招生图和专业招生宣传片及微信宣传文章在微信、抖音等平台上展示。教师还连续多年参加云宣传直播，方便考生全面了解专业发展、学生培养、未来就业等方面内容。积极调动教师、校友以及在校生参与招生宣传，招生工作小组通过参加各地高考咨询会、重点高中见面会进行线下宣传。

（2）建立优秀生源基地

以教授进中学、"大手拉小手"座谈交流、参与重点中学活动、邀请中学校长来校参观座谈等为契机，对长期提供优质生源的中学进行重点培养，对生源较好的中学授牌"辽宁大学优质生源基地"。举办高中高校协同育人质量提升论坛，邀请中学校领导、班主任、任课教师来访，以建立良好的沟通机制，准确掌握生源动向，增加报考概率。

（3）建立特色文化

辽宁大学开展的"爱我辽大"等科技、文化、体育、艺术"九大节"已成为品牌活动、受到社会关注，采用影像资料和邀请学生到访的方式，使考生更好地了解辽大、感知辽大。同时依托绿舟环保协会，通过中国环境科学学会的"大学生在行动"活动、暑期"三下乡"社会实践等举办专业讲座及科普活动等，让考生提前感受学术氛围，为吸引优秀生源铺平道路。

（4）完善的奖学金、助学金制度

辽宁大学有国家奖学金、励志奖学金和助学金等国家层面，辽宁省政府奖学金等省市级层面以及学校奖学金等校级层面的各类奖学金、助学金等。学院建立了比较完善的家庭经济困难学生资助体系，有《辽宁大学国家（省政府）奖学金评选办法》《辽宁大学国家励志奖学金、助学金评选办法》《辽宁大学学生勤工俭学助学制度》《辽宁大学生源地国家助学贷款实施细则》《辽宁大学评选学生奖学金参考规定》等制度保障。为贫困学生的学习、生活提供支持和保障的措施有生源地助学贷款、勤工助学、少数民族学生资助金、贫困生返乡补助等。

（5）入学后实行"辅导员—班主任导师—朋辈导师"制

"辅导员—班主任导师—朋辈导师"制是指在坚持和加强辅导员管理的基础上，聘请本专业优秀的专业教师担任班主任导师，选拔高年级优秀本科生担任低年级学生朋辈导师的制度，三级联动，对学生思想品德、专业学习、科研实践、身心素质等方面给予帮扶和指导，促进学生知识、能力和素质的全面与协调发展，以提高学生的人文素养、创新能力和综合素质。

（6）免试攻读硕士研究生计划

依据《辽宁大学推荐优秀应届本科毕业生免试攻读研究生工作实施办法（修订）》，具有良好品德修养，学习成绩优秀，满足一定条件的通过正式招生录取的普通本科应届毕业生可申请推荐免试攻读研究生资格。

4.2.2.3 吸引优秀生源的执行情况

通过上述政策和措施，环境工程专业吸引了全国各地学生踊跃报考。近 3 年来，学院抓住学校发展机遇，重视学科建设，主动调整专业方向，得到社会承认。高考录取分数超出本科分数线情况比较稳定，辽宁省内招生分数连续 3 年超出本科录取线 200 多分（表 4-2）。

表 4-2　2018—2020 年环境工程专业在辽宁省招生录取分数情况　　　　　单位：分

	2018 年	2019 年	2020 年
最低录取分数	576	565	568
超出本科分数线	208	206	209

4.3 对学生的指导和辅导措施

4.3.1 开展学生学习指导、职业规划、就业指导、心理辅导的主要制度和措施

4.3.1.1 学习指导的主要制度和措施

良好学风是大学生走向社会后成才和发展的必备素质和条件，是立德树人的具体体现。学院始终坚持把夯实学风建设作为工作重点，通过激发学生"比、学、赶、超"的积极性，营造良好学风。具体举措如下：

1）完善入学教育体系。在新生入学后，根据《环境学院新生入学教育方案》对新生进行入学教育系列举措。环境工程专业学科带头人为环境工程新生做专业前景讲座，尤其结合环境工程社会现实场景真实问题，让同学们了解学习环境工程的意义，毕业的去向、目标，同时增强学生的社会责任感。学院院长、学院党总支书记、系主任分别就专业发展前景、环境学子使命担当、环境工程专业课程学习方法等通过不同途径与新生进行交流。团委、辅导员开展校史院情教育、遵规守纪教育、安全教育、学习指导等，使学生以及学生家长进一步了解大学生活，尽早明确大学目标，制定大学规划，完成从高中到大学的转变。

2）充分利用导师制度。学院充分利用学院博士生导师、硕士生导师等知名教授的优质师资力量，通过班主任（导师）、课题组导师等方式组建团队，指导学生专业学习、参与科研及专业规划等，让学生在本科期间有机会接触科研、体会科研、了解科研，同时也对学生的科技创新进行指导，做到每一个环节实时跟踪、不留遗漏。

3）严格的学业预警制度。学院在新生入学后，及时对学生学习要求进行讲解和说明，解读专业培养方案、明确培养目标，对于每学期成绩不佳的学生实行预警制度。学业预警与援助计划实施人员为辅导员、班主任、朋辈导师和专业课教师，针对学生在学习和生活中即将发生和面临的问题，及时提示、告知学生本人及其家长，并采取针对性措施。在家、校、生之间，建立起多方参与的沟通与协作机制，对学生进行全方位、多层次援助。学业预警一般分为发放"红牌""黄牌"预警，对处于不同阶段的学生采取不同的措施，帮助"学习困难"的学生顺利完成学业。

4）注重对学生的选课指导。每学期教务老师会详细讲解选课规则，发放《辽宁大学本科生选课手册（环境学院部分）》，借助朋辈导师帮助学生了解选课流程和要求，以保证学生能够按计划完成教学任务。

5）积极组建"补漏"小班课。对于因高考改革，没有化学或者生物背景的学生，积极组建"补漏"小班，由朋辈导师结合大学学习内容需要，帮助学生进行查漏补缺，使受助学生尽快跟上大学学习进度，保证学习效果。

4.3.1.2　职业规划和就业指导的主要制度和措施

为推进和完善学生发展的全面化，打造精准就业的人才培养理念，促进形成自我服务、自我管理、自主发展的意识，在职业规划和就业指导工作中实施课程指导—辅导员管理—工作室跟踪的模式，对学生实行全程指导和帮助。

1）辅导员管理：充分发挥班团、社团的群体引导作用，定期举办职业生涯规划比赛、生涯人物访谈征文大赛、生涯环游活动、模拟面试大赛等，使学生明确专业发展方向，结合自己优势进行不同时期的规划。

2）生涯咨询与辅导：学院成立了"启航"职业生涯规划工作室，由负责毕业生就业的工作人员和考取生涯规划师的辅导员等组成。接受个体咨询，帮助学生做职业生涯分析，利用测评工具，对学生个体开展有针对性的指导。

4.3.1.3　心理辅导的主要制度和措施

学校投入大量资源用于学生的心理健康工作，辅导员均获得国家心理咨询师三级证书，形成了个体咨询、团体辅导和宣传的"点、线、面"相结合的心理健康教育与帮扶体系，解决学生成长过程中遇到的心理问题，促进学生健全人格和全面健康发展。具体开展工作如下：

1）心理培训与咨询：联合学校开设"大学生心理素质拓展训练"课程，讲授心理调适方法，帮助学生树立正确的环境适应、自我管理、人际交往和交友恋爱等观念。

2）心理普查与跟踪辅导：对新生开展心理健康测试与普查，建立心理档案，帮助学生做出正确的自我评价和自我期望，并根据普查结果对学生进行跟踪辅导。

3）心理健康宣传：安排系列心理健康宣传活动，营造学生关注心理健康的氛围，提高学生心理健康意识，促进身心健康成长；学院根据学校指导思想，安排团体心理辅导和讲座等不同形式的心理健康系列活动，为学生开展心理咨询。

4.3.2　学生学习指导、职业规划、就业指导、心理辅导活动的开展情况及效果

4.3.2.1　学生学习指导开展情况及效果

近年来，学院建立了学院、学生和家长多方沟通与协作渠道，从辅导员、专业教师

和家长三个层面给予重点关注，对学生实施多层次、全方位的援助。辅导员通过日常谈话、查课查寝、学习经验交流等工作观察学生的日常学习状态，对学习状态不佳的学生及时给予关注；根据期末考试成绩和补考成绩对学生开展学业预警工作，与学生家长建立紧密联系，帮助学生树立自信和良好学习习惯。

4.3.2.2 学生职业规划、就业指导开展情况及效果

将"职业生涯规划""大学生就业指导"课程纳入学生培养方案，以公共必修课的形式在各年级各专业学生的教学计划中体现出来。充分发挥辅导员、学生干部、学生社团的纽带作用，积极开展形式多样、内容丰富的第二课堂活动及学生社会实践，积极与校友、用人单位取得联系，组织企业供需见面会，使学生及时掌握就业信息，增强职业意识。

4.3.2.3 学生心理辅导开展情况及效果

为维护全院学生的身心健康，促使其形成良好的品格，制订环境学院大学生心理健康工作方案。从心理健康教育专业队伍、学生工作队伍和志愿者队伍三个层面开展心理健康教育、学生个别咨询、个别学生危机预防与干预等工作。在对学生进行思想教育的同时，也承担对学生开展心理排查、危机预防和干预工作。

4.4 对学生表现的过程跟踪与评估

4.4.1 本专业对学生毕业、获得学位的管理规定

根据《辽宁大学本科生学籍管理办法（试行）》，学生在学校规定年限内，修完本科人才培养方案规定内容，取得规定学分，达到毕业要求的，方可发放毕业证书准予毕业。符合学校学士学位授予条件的，授予学士学位，发放学位证书。学校课程考核类型包括正常考核（期末考试）、补考、重修考试，课程考核合格（≥60分）即可取得课程学分。

4.4.2 对学生跟踪监督和评价情况

对学生在校期间表现的跟踪、监督和评价贯穿大学4年教学全过程。学校和学院建立了校教学督导组、院教学督导组、任课教师互评三级学业跟踪和评估体系，负责专业教学建设、管理运行、质量监督，并对学生学习进行跟踪、监督和评价。为保证毕业生达到毕业要求，毕业后具有较强社会适应与就业竞争力，本专业采取多途径、多环节、多方式对学生整个学习过程进行全面、客观的跟踪与评估，主要措施和方法如下：

（1）教学环节的跟踪与评估

依据学校制定的《辽宁大学本科教学工作规程》《辽宁大学本科毕业论文（设计）管理规定》和《辽宁大学本科生实习管理办法》系列文件，对课堂教学、毕业论文（设计）、实验教学等环节提出明确要求（表4-3）。通过学生填写辽宁大学教学质量评估、辽宁大学本科实验教学评价表，掌握教师实验教学水平，了解实验教学效果。

表4-3　课程考核方法

教学内容类型	考核方法	考核人
课堂教学	卷面考试、平时成绩、出勤情况、大作业、平时测试成绩	任课教师
实验教学	实验预习、实际操作、科学态度、实验报告、综合评定	任课教师
课程设计	设计表现、设计说明书和图纸质量、综合评定	任课教师
认知实习	实习表现、实习报告、综合评定	实习带队教师
毕业论文（设计）	专业统一组织选题、开题、中期检查、论文评审和正式答辩；指导教师进行阶段性检查；学院督导、教研组、校检查组抽查；指导教师和评阅教师同意答辩后，方能参加答辩，成绩根据平时表现和成果质量，由指导教师、评阅人和答辩小组综合评定	指导教师、评阅教师、答辩组教师

1）理论课程考核评价：根据课程特点、性质，采取形成性评价与终结性评价相结合的办法，综合判定学生的学习成效。结合课堂测验、阶段测试、集中考试等环节，采用答辩、提交成果、实践操作、笔试等多元、动态的考核方法，综合评价学生的毕业要求达成状况。通过试卷成绩分析，以确定学生对所学知识的掌握和应用情况，分析课程培养目标达成情况，得出今后教学及考核中应改进或调整的措施和建议。

2）实践类课程考核评价：按照进程式多元化评价的原则，从不同方面考核学生。实验成绩根据预习、操作、态度、结果、报告等方面进行综合评定；课程设计成绩评定以学生完成设计任务的情况、独立工作能力和创新精神、工作态度、答辩情况为依据；实习成绩从实习报告、纪律与态度、操作能力、团队精神、职业道德、答辩等方面评价；毕业论文（设计）设置了开题答辩、中期检查和毕业答辩等多个环节，侧重知识综合运用、文献资料应用、计算机应用、外文应用能力以及论文（设计）的科学性、创新性和规范性，科学素养、学习态度、纪律表现、协作精神、交流沟通能力等的考核。

（2）教学过程质量监控

针对不同教学环节，确定教学过程质量监控机制，设置主要质量监控点，加强经常性的质量检查。每学期督导团随机听课，并及时向任课老师反馈意见，对于授课效果有待改进的教师进行帮扶及单独指导，直到达到标准方可授课；常规检查还包括期末考场巡视、实习检查、毕业论文（设计）的过程检查、抽查及定期的考卷抽查等；另外，学校每学期期末由学生进行网上评教打分，对每位任课教师的教学效果进行评价，评价结果反馈学院，由学院依据结果开展针对性鼓励与帮扶；平时，班主任、辅导员、教务干事会与学生积极沟通，详细了解学生的学习情况和学生对教师上课的意见与建议，及时反馈，形成闭环。

（3）任课教师的跟踪与评估

任课教师通过学生的出勤、课堂提问、作业、实验表现、实验报告、课堂讨论、答疑、学生交流、平时测验、期中期末考试、综合成绩评定等途径对学生表现进行跟踪评估。任课教师将对学生的跟踪评估及时反馈给学生辅导员/班主任，由辅导员/班主任通过电话家访、微信、面谈等途径反馈给学生及学生家长。

（4）学业预警

根据《辽宁大学本科生课业成绩警示制度》，对一学期内考试不及格课程在 11～15 学分，或入学以来各个学期考试不及格课程累计达 20 学分及以上的学生，教务处将特制"黄牌"，写明该学生目前学习成绩及状况送交该学生所在院系，由辅导员转交学生本人，同时"黄牌"警示送达学生家长。对于一学期内考试不及格课程在 16 学分及以上，或入学以来各个学期考试不及格课程累计达 30 学分及以上的学生，即按照《辽宁大学学分制实施办法（修订）》规定已达到退学线的学生，教务处将特制"红牌"，写明该学生目前的学习成绩及状况送交该学生所在院系，由辅导员负责转交学生本人，同时将"红牌"警示送达学生家长。同时根据《环境学院本科生课业成绩帮扶方案》进行帮扶。

（5）毕业资格审核

根据《辽宁大学本科生学籍管理办法（试行）》，对具有正式学籍的学生，在 3～7 年的学习期限内，修满教学计划规定的学习任务，取得相应的学分，完成规定的各实践教学环节，准予毕业，并发给毕业证书。

（6）培养目标达成评价

学院跟踪与评估本专业毕业生质量，主要途径包括：①不定期走访毕业生就业单位，通过与毕业生就业单位领导与技术人员座谈，了解毕业生的工作能力与工作表现情况；②通过校庆、院庆和校友返校聚会、讲座、访谈等活动，跟踪校友的成长及业绩，形成良性循环，促进学生教学培养工作。

4.4.3 课程跟踪和评估学生学习表现的方式

任课教师跟踪和评估学生学习表现的方式主要包括课堂教学、课程考核、成绩评定与分析 3 个方面，主要责任人为任课教师，并且本专业对教师教学工作过程有严格的规定（《辽宁大学环境学院课程管理办法》）。以专业核心课程"水污染控制工程"为例，说明课程跟踪和评估学生学习表现的方式。

（1）课堂教学评估

学院教学指导委员会指定成员对教师的课堂教学质量以及教师备课、辅导答疑、批改作业、使用教材、采用多媒体授课等情况进行监督指导与评价；学生通过教务系统对教师授课情况进行反馈，了解学生对课堂教学的满意程度和改进要求。为保证学生学习效果，学院明确要求教师加强课堂教学秩序的管理，对学生出勤情况进行考勤、对课堂表现进行记录，切实保证学生进入课堂学习。学校督导团及学院辅导员对学生出勤、课堂秩序、学生学习状态等随时监督。

（2）课程考核评估

依据"水污染控制工程"课程教学大纲要求和课程在培养环节中的地位，课程考核由平时成绩和期末测试两部分组成，其中平时成绩以作业、阶段性讨论或测试为主，闭卷笔试即期末测试。对于闭卷考试，严格按照《辽宁大学考试工作条例（修订）》对命题、审定、试卷拟制、阅卷、试卷分析与试卷存档等每一环节进行控制和管理。教学要求同一门课程，原则上实行教考分离。试卷依据教学大纲命题，按培养知识点的要求，重点考查学生基本知识和技能的掌握情况，考查学生分析和解决问题的能力；命题工作由承担课程教学任务的任课教师或课程组负责，同时对试卷以及 3 年内试卷重复度有严格要求。对于平时作业，采取口答和笔试相结合的方式。以考查基础知识掌握情况为根本，以夯实相关专业知识为目标，以拓展交叉学科知识为导向，从文字表述、语言凝练、逻辑分析到准确计算等方面对学生综合能力进行全方位训练。并对完成的作业进行逐题批改，标注并反馈，再在课堂上以讨论或习题课的形式进行答疑分析。对于阶段性讨论或测试，教师在上课前或者上课中提问学生必须掌握的重点、难点问题，考查学生掌握知识点情况，也可以检验任课教师讲授知识点学生是否可以接受，从而时刻矫正教学方法和手段，保证所有学生听懂课、喜欢听课、学以致用，提高课堂互动效果。

（3）成绩评定与分析

课程考核总评成绩依据课程教学大纲要求评定，由平时成绩和闭卷考试成绩两部分构成。平时成绩占比后续还要提高，同时也要考虑课堂表现，平时成绩评定必须按同一标准进行。成绩评定后，针对试卷的卷面考核状况，如试题难易程度、试题类型、成绩分布状况等情况进行分析和总结，填写课程目标达成度分析表。

4.4.4 学业预警制度

为督促学生更好地完成学业，建设优良学风，学校教务处、学生工作处、学院为学习困难的学生和学习成绩不佳的学生构建完善的学业预警和帮扶制度。学院依据《辽宁大学本科生课业成绩警示制度》《环境学院本科生课业成绩帮扶方案》，对于因学习成绩、纪律处分等达到警示条件的学生，及时给予帮扶。

（1）学业预警目的

学业预警旨在紧急提示处于不良学习状态中的学生端正学习态度，并在学院、老师和学生组织帮扶下最大限度地帮助"学困生"提高成绩，为有上进心但目前成绩较差的学生提供更有利的进步平台。

（2）预警分类

学业预警与援助计划分为"红牌"和"黄牌"警告。

（3）帮扶措施

①建立了预警档案，定期检查收到学业预警的学生的学习情况，督促其提高学习质量；②建立了完善的学业预警档案管理制度，包括建立学业预警电子信息库，设专柜单独保管学业预警档案，每个被预警学生都有独立装袋学业预警档案；③明确学生的不及格科数，一旦有学生达到预警临界值要马上对该学生进行预警工作；④每周组织预警学生对集中科目进行集体辅导，开展答疑活动；⑤辅导员坚持每周点名工作，并做好相关记录，发现有学生旷课的，及时进行谈话及教育，营造良好的学习氛围。

4.5 学生转专业或转学的相关规定

4.5.1 转专业相关规定及学分认定制度

为尊重学生的主体地位，深化教育教学改革，完善"宽口径、厚基础、重能力、求创新"的通识教育模式，调动学生的学习积极性，学校本着"以学生为本"的教育理念，为有需要并符合条件的学生提供转专业与转学的机会。根据教育部《普通高等学校学生管理规定》（中华人民共和国教育部令　第 41 号）和《辽宁大学本科生学籍管理办法（试行）》，结合《辽宁大学通识教育实施方案》《辽宁大学本科生重新选择（转）专业实施办法（修订）》执行。

为确保重新选择专业工作有序进行，每名在校学生只有一次重新选择专业的机会。重新选择专业控制规模为转出和转入人数均不超过所在专业（大类）当年招生计划的10%。重新选择专业的学生一般转入同一年级。重新选择专业需在招生简章规定的参与调整的专业（大类）范围内进行，环境工程专业接收高中为理工类的考生，而本专业学生可选择转入当年高考入学时辽宁大学招收理工类或文理兼招的专业（大类）。

4.5.1.1 重新选择专业资格

在校本科生重新选择专业应具备以下条件：学生修完所在专业第一学年的教学计划，按所修课程总平均学分值排序，排序在本专业（大类）前10%之列；成绩无不及格记录；

符合学校规定的学生，需自行学习拟转入专业（大类）所在学院指定的相关课程（教材及参考书目由学院确定），参加由学校统一组织的考试。

4.5.1.2　重新选择专业程序

具备重新选择专业资格的学生向所在学院提出申请，并提供相关证明材料，经学院院长审核并出具推荐意见。具备重新选择专业资格的学生填写《辽宁大学学生重新选择专业申请表》并经学院审核后报教务处，重新选择专业志愿最多可申请一个学院的两个专业（大类）志愿［只有一个专业（大类）的学院只能选一个专业（大类）］。经学校教务处审核符合重新选择专业资格的学生，应遵循学校及申请转入学院指定的考试程序。考试可采取笔试和面试相结合的方式，着重考核学生转入专业（大类）的基础及特长表现。考试在秋季开学的第一周进行。

4.5.1.3　学生重新选择专业的接收依据和接收程序

依据学生综合成绩名次在转入专业（大类）招生规模 10%的范围之内确定学生能否转入专业（大类），按照综合成绩由高至低接收。学生综合成绩内容依据是，第一学年的全部课程成绩的总平均学分值的 50%+申请转入专业（大类）所在学院考试成绩的 50%之和，按照百分制计算。教务处根据重新选择专业学生的综合考核成绩，进行审定复核，将接收学生名单上网公示。公示后无异议，经学校同意重新选择专业的学生，由教务处通知学生所在学院和接收学院，学生凭重新选择专业通知书办理重新选择专业手续。

4.5.1.4　重新选择专业学分记载及其学籍管理

重新选择专业后已取得的学分按下列规定计算：学生转入新的专业（大类）后，必须完成转入专业的教学计划规定课程并获得相应学分方能毕业。重新选择专业学生原专业的必修课要求不低于转入专业（大类）相同课程的，可以认定已获得的成绩和学分，否则应予以补修；其他与转入专业（大类）教学计划无关的课程，可作为选修课学分。学生转入新的专业，原则上按照入学时的年级所适用的学籍管理办法进行管理。转入相关专业（大类）的学生，按照相关专业（大类）制定的具体分流方案进行专业分流。重新选择专业的学生学费按转入专业、年级学费标准缴费。

4.5.2　专业对转入学生原有学分的认定依据、认定程序和工作负责人

环境学院接收转专业学生的认定程序如下：

1）学生申请：符合转专业申请条件的学生，需在指定时间向所在院系提出申请，经所在学院同意后，将申请表格及相关材料提交至教务处。

2）资格审核：申请转入环境学院相关专业的学生需向教务办公室提交转专业申请表（要求转出学院签署意见并签字盖章）；原学院出具的成绩单原件；学科、专业特长证明材料（文章、专利、奖励等相关材料）等。教务处根据上述转专业基本条件对学生进行资格审核，资格审核不合格者不受理其转专业申请。

3）考试考核：学校对申请转入学生组织考试，学院组织专家对申请者进行复试，其中面试成绩低于 60 分者考核不予通过。面试主要考核申请者专业学习理论基础情况、创新意识和能力及在本专业从事研究工作的潜力等。

4）确定拟录取名单：学院对通过资格审核及考试考核的申请者的复试成绩由高至低进行排序，并按照各专业拟招收的名额确定拟录取名单后交教务处审核并公示，报学校审批后，学生方可转入学院新专业。

5）学分认定：学生经批准转入后，符合转入专业人才培养方案的在原专业已修读课程和取得的学分可认定替代；因专业课程设置不同而未获得的学分，需通过补修等方式获得。学生进入我院相关专业学习后，应修满该专业人才培养方案规定的课程且各种评价成绩合格方能获得毕业证和学位证。

4.5.3　近 3 年转入本专业学生情况

本专业近 3 年没有转入的学生。为吸引其他专业学生顺利转入，本专业扩大专业宣传，在学院公众号，食堂、教学楼宣传栏均投放了关于本专业的前景介绍。未来为了帮助外专业学生转入，对拟报学生进行集中培训学习，使学生更好地了解本专业，同时在教学中增加对学生的整体素质考核，增加学生转入概率。

4.6　适应社会经济发展需要的培养目标

本专业 2020 年版本科生人才培养目标：本专业将立德树人贯穿人才培养全过程，面向生态文明建设的国家战略需求，聚焦东北老工业基地绿色发展与产业转型中的生态环境问题，培养适应社会经济发展需要，具备良好人文素养、身心素质、社会责任、职业道德、创新意识、国际视野以及环境工程基本知识、技能和实践能力，能在相关领域从事监测、评价、规划、设计、施工、治理修复、管理、教育和研究等工作的高素质应用型专业人才。本专业按照毕业生 5 年后应具备的基本素质和能力，将培养目标细分为如下子目标：

目标 1：具有优良品德、执着信念和家国情怀，具备良好的人文社会科学素养，尊重自然规律和工程伦理，遵守工程职业道德规范。

目标 2：具备独立从事环境工程实践的能力，具有创新意识，具备环境污染控制与治理等方面的新技术、新工艺和新设备的研究、设计和开发能力，能运用基础科学、环境工程专业知识和技术提出方案，解决复杂环境工程问题。

目标 3：具有较强的组织管理能力和团队合作精神，能够充分协调和实施生态环境领域的项目研发、施工及运营管理工作，并承担相应的责任。

目标 4：具有国际视野，自主学习和终身学习意识，有不断学习、拓展自己的能力。

4.7　培养目标合理性的定期评价

环境工程专业依据培养目标合理性评价与修订制度，对培养目标进行定期和不定期评价并根据评价结果对培养目标进行修订；参与培养目标评价与修订的有行业或企业专家、用人单位、毕业生和本专业教师等。专业人才培养目标修订遵循以社会需求为导向，坚持与用人单位的专家共同确定人才培养目标及人才定位、培养目标与培养计划同时进行修订的基本原则，对环境工程人才培养目标进行持续修订和优化。

4.7.1　培养目标合理性评价的制度和措施

"培养目标合理性评价"是对培养目标是否符合社会经济发展的需求和学校人才培养的定位进行评定。学校发布《关于修订本科人才培养方案的指导意见》，并要求每次培养目标全面修订或微调前，必须开展全面细致的调研工作。学院参照《关于修订本科人才培养方案的指导意见》建立了包括评价组织机构、主要评价人及身份、评价周期、评价方式等在内的一套完整的培养目标合理性评价机制。

4.7.2　培养目标合理性评价的主要内容

为保证培养目标的持续改进，使其能在环保行业发展需要和学校定位背景下，指导毕业要求制定、课程体系建设和在校生素质提升目标等，目前执行的培养目标合理性评价制度主要从培养目标与学校及专业定位、行业发展需求的契合度，人才培养质量的契合度等方面进行评价。以用人单位评价、往届毕业生（校友）评价、本专业教师评价、企业行业专家评价等为依据。培养目标合理性评价主要从以下几个方面进行。

（1）用人单位的人才需求与培养目标的适合度

基于用人单位对本专业毕业生表现以及培养目标是否适合行业/企业发展的意见，分析培养目标与行业发展需求适合度，进而评价本专业设定的培养目标的合理性。

（2）校友主流职业发展需求与培养目标的适合度

通过校友（一般主要针对毕业 5 年左右的校友）对本专业设定的培养目标是否适合

行业发展以及自身的职业能力是否达成的意见，分析培养目标与学生毕业 5 年左右应达到的职业和专业成就的吻合度，据此评价本专业培养目标的合理性。

（3）培养目标与行业发展需求的契合度评价

根据目前环保行业自主创新发展对高层次人才培养的实际需求，评价当前执行的培养目标对社会需求的满足程度。主要以调查本专业毕业 5 年左右的校友、用人单位和本专业教师的统计数据为依据，对培养目标是否符合国家与地区发展与变化的需求进行评价，对是否符合产业发展与变化的需求进行评价，对培养目标认同度进行总体评价，对本专业的培养目标与社会对人才需求的总体契合度进行评价。

4.7.3　评价内容和方法

调研数据来源于行业/企业专家、用人单位和往届毕业生。通过咨询行业/企业专家来评价本专业培养目标是否符合未来技术和行业发展的需要；通过调查本专业毕业生在用人单位的工作表现情况，评价本专业学生培养是否适合社会和企业对人才的需求；通过调查毕业生工作若干年后的经历和实际感受，评价专业培养目标是否符合毕业生实际工作需要。

4.7.4　培养目标修订机制

《关于修订本科人才培养方案的指导意见》明确指出修订的基本原则为继承性、创新性、对标性、尊重选择性和交叉融合性。培养目标务必做到符合国家对专业人才培养的目标要求、学校本科人才培养目标总体定位、学生就业主渠道的社会需求和本学科专业的优势与特色。

1）专业培养方案（包括培养目标）一般 3～5 年进行一次全面系统的修订；修订周期内（两次相邻的全面修订之间）可根据需要对培养目标进行微调。每次培养目标全面修订或微调前，必须开展全面细致的调研工作，即进行培养目标合理性评价。

2）学校成立以主管教学副校长为组长、教务处处长和各学院院长为成员的本科人才培养方案修订工作领导小组，下设由校教学督导专家、企业与行业专家组成的专家组。校工作领导小组负责全校本科人才培养方案和课程体系修订的指导思想与基本原则、工作方案与工作日程以及各院制订的初步方案的审核与论证，并最终定稿。

3）学院须成立由院长任组长、教学副院长任副组长以及校内专家（督导组成员）、企业专家、专业负责人、课程负责人为成员的院人才培养方案修订工作组，该工作组是各专业执行人才培养方案全面修订和微调的主体，在教研组、学院教学督导、课程负责人、行业与企业专家共同工作下完成。

4）修订工作组对多方相关数据进行调研，并分析汇总多方建议，对培养目标合理性进行评价，形成初稿，在院人才培养方案修订工作组进行逐条讨论，确定终稿。

5）院工作组组长在修订的人才培养方案终稿上签字后，由教务干事将培养目标及培养方案终稿上报学校审核批准。

4.8 环境工程专业毕业要求

根据 2020 年版环境工程专业的毕业要求，环境工程专业毕业生应满足如下知识、能力和素质等方面的要求。

毕业要求 1 工程知识：掌握数学、自然科学、环境工程基础和专业知识，能够运用其理论和方法解决复杂环境污染防治工程问题。

毕业要求 2 问题分析：能够应用数学、自然科学、工程科学和环境工程的基本原理，识别和表达复杂环境工程问题，并能通过文献研究获得有效结论。

毕业要求 3 设计/开发解决方案：针对复杂环境工程问题能够提出解决方案，设计满足水、大气和固体废物处理需求的工艺单元及工艺流程、工艺系统，并在设计过程中体现创新意识，考虑社会、健康、安全、法律、文化及环境等制约因素。

毕业要求 4 科学研究：能够基于环境工程相关科学原理，采用科学方法对环境领域的复杂工程问题进行研究，包括选择研究路线、设计实验方案、正确采集数据，并能对实验结果和数据进行分析和解释，通过信息综合得到合理有效的结论。

毕业要求 5 使用现代工具：掌握环境工程专业相关的科学仪器、信息技术、现代工程工具和应用软件，能够开发、选择与使用恰当的专业设备、现代工具和信息技术对复杂环境工程问题进行分析、模拟和预测，能够理解相关技术手段的局限性。

毕业要求 6 工程与社会：能够基于环境工程相关背景知识进行合理分析，评价专业工程实践和复杂工程问题解决方案对社会、健康、安全、法律和文化的影响，并理解应承担的责任。

毕业要求 7 环境和可持续发展：能够理解和评价针对复杂环境工程问题的工程实践对环境、社会可持续发展的影响。

毕业要求 8 职业规范：具有人文科学素养、环境保护事业心和社会责任感，注重职业道德修养，能够在工程实践中理解并遵守工程职业道德和规范，履行责任。

毕业要求 9 个人和团队：具有团队合作精神，能够在多学科背景下的团队中承担个体、团队成员以及负责人的角色，并能够组织、协调和指挥团队开展工作。

毕业要求 10 沟通交流：能够就复杂环境工程问题与业界同行和社会公众进行有效沟通交流，包括撰写报告、设计文稿和图纸、陈述发言、清晰表达或回应指令。具备一定的国际视野，能就环境工程问题在跨文化背景下进行沟通和交流。

毕业要求 11 项目管理：能够理解并掌握工程管理原理与经济决策方法，并能在多学科环境中应用。

毕业要求 12 终身学习：能在社会发展的大背景下，认识到环境及相关领域自主和终身学习的必要性；具有不断学习和适应发展的能力。

4.9 师生对毕业要求的了解及认知情况

本专业毕业要求随同培养目标一同公开，公开对象包括学生、教师和社会。

对于学生：通过招生宣传、学院主页、新生入学教育、新生专业与人才培养专场介绍、专业课程教学、实习与实践活动、毕业设计的安排等形式进行宣传，使其充分理解本专业的毕业要求。

对于教师：通过教师入职培训、课程群交流、培养方案制定研讨与修订课程教学大纲、学院教学工作研讨会等形式，使教师明确本专业的毕业要求。

对于社会：通过招生宣传及宣传册的发放，学校网站及招生宣传网，学科负责人、教师利用与企业合作项目、专场报告，毕业生回母校座谈、校友会等多种途径向社会及用人单位说明本专业的毕业要求。

第5章

真实问题导向下的课程教学体系建设

5.1 课程教学体系建设中的真实问题

我国理工科院校已形成多层次人才培养格局，但传统的教学模式不能满足社会和企业对毕业生创新精神以及实践能力的需求，主要体现在理工科院校毕业生专业知识不扎实、创新能力不强、实践能力较差、外语沟通能力弱等方面。目前，各层面对创新人才培养已有正确思想认识，但受传统教育模式影响较深，高校课程体系设置合理性需要进一步提高。阻碍学生创新素质的提高主要归因于设计类、综合类的实验相对较少，与生产实际相结合的实验项目少，对学生实践与创新能力方面的训练与培养不足等，这已成为课程教学体系建设中迫切需要解决的真实问题。基于上述问题，辽宁大学环境科学与工程学科从强调实践教学的课程设置、人文素养、教学质量监控等方面开展真实问题导向下的课程教学体系建设探索与实践，以期从课程教学角度为具备良好身心素质、人文素养、创新意识、国际视野、社会责任感和职业道德等的高素质应用型环境领域专业人才的培养提供有力支撑。

5.2 课程设置支持毕业要求

课程设置总体思路是遵循教育部高等学校环境类专业教学指导委员会的指导，结合环境工程专业的培养目标和毕业要求，实施以公共通识教育为基础的宽口径专业教育。课程遵循基于成果导向教育的反向设计，按"综合、实践、创新"的工程属性构建以及符合能力构建的逻辑关系原则设置。

5.2.1 专业重点课程的支撑理由

首先，工程基础类课程和专业基础类课程承接力学、物理学、数学等技术基础课程并使其在环境工程领域应用，让环境工程专业本科生建立起本学科基本概念并培养专业基本技能，为后续专业课程学习起铺垫作用。数学与自然科学类课程包含高等数学、工程数学、普通物理、无机化学等，使学生具备环境工程专业所学的数学及自然科学相关知识。工程基础类包含大学计算机、环境工程制图、环境流体力学、工程力学等，专业基础类课程包括污染控制微生物学、环境工程原理、环境监测等课程，为学生成为一名合格工程师打下坚实的技术基础。专业类课程包括大气污染控制工程、水污染控制工程、物理化学、固体废物处理处置工程与资源化等课程，使学生掌握环境工程专业的基础理论、专业知识与技能，课程涵盖了标准中所要求的全部知识领域。专业基础课程内容能够使先修的技术基础课程所学的工程基础知识与计算分析方法在环境污染及净化、生态修复工程等方面的设计、研究和运行管理过程中得到应用和强化。

其次，在专业实践课程中，通过设计说明书、实践报告的撰写，工程图纸绘制的训练，可以有效地提高学生工程质量和安全意识及动手能力等。专业实践课程包括学科基础实验/实践、专业实验/实践、创新实验/实践、课程设计、实习及毕业论文（设计）等。其中，与专业核心课程配套的课程设计可以很好地培养学生的设计能力和解决问题能力，通过课程设计，可以加强学生对所修理论课程的理解和掌握，同时也可提高学生的绘图、资料查阅、标准与规范运用和计算机应用等能力。学生通过实习环节可以观察和学习各种污染控制装置；了解企业背景及发展战略，完成工程职业道德教育和安全服务意识教育；熟悉专业、行业及企业文化和管理制度；熟悉生产相关法律法规和行业标准等；通过生产一线体验，培养学生团队合作精神，使其能够掌握所学专业知识在环境行业的应用情况，并能够结合污染控制技术的实际运行过程，掌握环境污染治理重要设备的加工、安装及运行工艺，为后续毕业设计打好基础。最后，通过毕业设计培养学生综合运用专业知识分析和解决实际工程问题的能力，提高专业素质。

5.2.2 制定和修订课程大纲的制度和要求

根据辽宁大学《关于修订本科人才培养方案的指导意见》，结合学校的办学目标、专业定位及本专业培养目标、毕业要求，在广泛调研、征求本领域行业和企业专家意见的基础上，学院主持制定培养方案，经专业教学督导组、全体专业教师和相关行业/企业专家、学院学术委员会充分研讨、审议，制定支持培养目标、毕业要求和专业特色的课程体系，重新修订了培养方案和培养目标，即辽宁大学环境工程专业2020年版培养方案。教务处对专业的课程体系审核后，提交校教学工作指导委员会审议，审议通过后报主管教学校长批准执行。

5.2.2.1　课程体系构建（修订）的程序

1）学校教务处依据国家相关政策及学校办学指导思想，结合行业、国民经济与科技发展对人才的需求，制定人才培养方案修订的原则、实施意见和要求，确定具体工作方案、日程及对基础教学单位的要求，同时修订专业培养目标，下发基础教学单位开展修订工作。

2）学院根据学校要求建立完整的课程体系设计（修订）制度，包括修订周期、修订指导思想、修订具体要求、修订参与人和主要责任人、修订流程等内容。

3）在工程教育专业认证要求的框架下，结合专业特质，构建具有专业特色的课程体系。同时要广泛调研用人单位、毕业生及专任教师，邀请行业企业专家开展座谈研讨会，共同设计（修订）课程体系。

4）学院向校专家组汇报专业课程体系修订工作，校专家组经研讨论证并提出修改意见，学院在充分研究后再行修改或反馈不同意见。

5）学院修订工作参与人员包括学院教学指导委员会、系主任、专业负责人、课程负责人、骨干教师、企业专家等，其中教学副院长、系主任、专业负责人作为主要责任人。

5.2.2.2　教学大纲制（修）订的原则与要求

教学大纲依据成果导向教育理念编写，体现课程对毕业要求指标点的支撑，进而实现整个课程体系完成对毕业要求的落实。

1）教学大纲需要涵盖课程下列信息：课程基本信息，课程性质与任务，课程目标与要求，课程教学内容与安排，课程考核内容、方式及要求，教材和参考书等。

2）在课程目标设计中，必须覆盖毕业要求所分解的指标点。

3）课程教学要求要能承前启后，既能体现课程目标，也能概括教学基本要求。在教学要求中，需要使用具体的、可考核的语句，分条描述教学基本要求，明确课程对知识、能力或素质等不同层次的要求。每一条教学要求直接对应所支撑的课程目标，间接对应所支撑毕业要求的指标点。

4）教学内容的设置必须与时俱进，与技术的发展相适应，并标注每一项教学内容所需学时和对应的教学目标。

5）教学方法及手段要求采用多种形式并结合案例，避免教学方式单一化，培养学生分析和解决复杂工程问题的能力。

6）教学大纲要充分体现实现课程思政要点，将可以培养学生政治信仰、价值取向、理想信念、社会责任、道德品质的题材与内容转化为有效的德育载体，注重课程思政教学方法创新，灌输与渗透、理论与实际、历史与现实、显性与隐性相结合，保证课程思政教育效果。

7）课程考核方式要与课程所对应的课程目标相符合，并要进一步针对本课程教学要求进行细化设计，并加大过程考核的力度，提高过程考核的比例，实现对教学活动的过程控制。

8）参考教材及学习资源等信息必须围绕各项教学基本要求来制订，确保教学的基本要求能够通过实际教学活动的各环节实现。

5.2.3　课程体系修订的方式和要求

（1）课程体系设置修订的组织机构

教务处负责组织和协调全校本科专业课程体系修订工作，并审定各教学单位方案及最终定稿。学院成立由院长任组长、教学副院长任副组长以及书记、副书记、系主任、课程负责人等为成员的院人才培养方案修订工作组，该工作组是各专业执行人才培养方案全面修订和微调的主体，在教研组、学院教学督导、课程负责人、行业与企业专家共同工作下完成。

（2）课程体系设置修订制度

根据辽宁大学《关于修订本科人才培养方案的指导意见》的要求，专业课程体系设置的修订须符合教育部《普通高等学校本科专业目录和专业介绍》《高等学校环境类本科指导性专业规范》《工程教育认证标准》和《环境工程专业补充标准》的要求。

（3）课程体系设置的原则及要求

1）课程体系设置要体现知识、能力和素质均衡发展，统筹安排课程，使其教学目标、教学要求足够支撑毕业要求的达成。

2）课程体系设置要吸取和采纳同行专家建议，且必须有 3 位以上企业或行业专家参与。

3）课程体系设置坚持工程教育专业认证标准，同时满足环境类专业的工程教育专业认证补充标准对数学与自然科学类、工程基础类、专业基础类等六类课程的基本要求。

4）课程体系设置要能体现"解决复杂工程问题"，协调公共基础、专业基础和专业课之间的关系，以及理论与实践、必修与选修、课内与课外的关系。

5）课程体系设置要发展专业特色。

（4）课程体系设置修订的形式

1）全面修订：当原有方案已不能反映高等教育形势和社会需求的发展要求，人才培养模式需要改革创新，人才培养指导思想和基本原则需较大变化时，学校将有计划地组织全校所有专业对培养方案进行系统修订，一般每3~5年1次。

2）微调：当个别课程的学时、学分、实践环节、学期安排等需要变化以适应专业技术和社会发展时，在保证不影响教学秩序的前提下及时调整。

5.3　与毕业要求相适应的自然科学类课程建设

5.3.1　本类课程及相应学分及学时情况

数学与自然科学类课程设置主要是数学类、物理化学类。开设的课程有高等数学、普通物理、无机化学等，共计 26 学分，占培养计划总学分的比例为 15.7%（≥15%），满足通用标准对该类课程学分要求，全部为必修课。其中，数学类课程为 13.5 学分，物理化学类课程为 12.5 学分，奠定了本专业的数学、物理化学基础，学分比例满足通用标准该类课程学分要求。

通过数学、自然科学基础课程任课教师的培训，学生能够逐年了解和熟悉本专业的工程背景知识，在完成课堂例题、课程作业时，能够直接或间接地联系到本专业工程问题的解决。尤其在教学大纲的布置上，突出数学和自然科学基础课程对于解决复杂工程问题的具体课程目标。通过数学和自然科学基础课程的培养，学生能够应用课程知识和基本原理，初步具备识别、表达、分析和解决复杂工程问题的能力。学生在数学和自然科学类课程的基础上，完成工程基础、专业基础课程的培养后，方能系统深入地识别、研究、表达、分析和解决复杂工程问题。

5.3.2　保证学生修满此类课程的要求及措施

学校和学院有一整套关于教学质量监控与管理、教学改革与教学管理、教学运行管理和实践教学管理的规定。根据相关规定本科专业学制 4 年，实行 3～7 年的弹性学制。在校期间学生应参加完成学校人才培养方案规定的课程和各种教育教学环节。数学与自然科学类课程全部为必修，根据《辽宁大学考试工作条例（修订）》，学生需通过参加期末考试的方式来修满此类课程的学分。

（1）通过教学过程的严格管理与合理运行实现

课堂教学：按照《辽宁大学本科教学工作规程》和学院的要求管理和运行，教师和学生接受学校和学院两级教学督导组检查。通过课上学习、课后答疑及公共平台课讲座等形式，根据作业、考试成绩等考核结果进行综合评定，达到及格以上为合格。

教学效果评价：通过学校教学督导组评价、学院教学督导组评价、学生评教评价、学校中层以上干部听课与评价和教师互评，全程跟踪课程教学情况，对课堂效果进行考核，全方位评价课程教学情况。

考试管理：根据《辽宁大学考试工作条例（修订）》和《辽宁大学关于推进本科教

学教考分离工作的实施方案》，认真组织教师进行试卷的命题与阅卷工作，使考试成为正确引导学生学习、考核教学质量、改进教学工作的重要手段。所出试题注重基本理论与基本技能的比例，全面考查学生分析问题和解决问题的能力。注意考试形式的多样化，阅卷规范、认真，完全做到规范化管理。此外，考试试卷、试卷分析、试卷答案由开课单位集中存档管理。

（2）通过对试卷分析和持续改进实现

试卷分析评价：采用考试内容、考试题型及分布和难易程度等几个方面，分析试题的合理性，全面评估试卷内容对课程目标和毕业要求指标点的支撑情况。

成绩分析评价：采用考试成绩分布、考试效果及存在的问题和改进建议等几个方面，全面评估试卷的考试结果及成绩分布，使试卷更趋于合理，为课程建设和课程目标的达成提供有效依据和保障。

持续改进：以上教学过程督导结果都将及时反馈给课程教学团队，并将作为课程建设和教学改进的依据。课程团队会根据上述评价意见及时对课程教学改进与完善，保证教育教学质量。

5.4 与毕业要求相适应的基础与专业类课程建设

根据学校与学院的相关学籍管理规定与培养计划要求，本专业课程体系中工程基础类课程、专业基础类课程、专业类课程共计 49.5 学分，占培养计划总学分的比例为 30%。其中，工程基础类课程 11.5 学分，专业基础类课程 7 学分，全部为必修。专业类课程 31 学分，其中包括专业主干课程（为必修）21 学分，学生还可以根据自己的专业兴趣和就业选择从专业方向课程中选修 7.5 学分，从交叉学科课程中选修 2.5 学分。

在环境工程专业学生培养过程中，通过工程基础类、专业基础类和专业类课程的学习，学生学习到污染控制技术、生态环境治理等基础理论和专业知识，具有较强的污染控制工艺设计、研究及实践应用能力，熟悉本专业的前沿发展现状和趋势，为学生能够在环境保护相关部门从事污染防治、生态修复、环境管理等方面工作打下坚实的专业基础。

1）工程基础类课程主要是提供工程基础类知识的学习，重点要让学生掌握流体力学、工程力学、计算机、工程制图、电工学等工程基础知识，并具有分析复杂工程问题的能力；掌握环境工程专业常用的计算机办公软件、计算机辅助设计、制图工具、信息技术工具和专业软件的原理和使用方法，并能理解其局限性。

2）专业基础类课程主要是提供环境工程专业基础类知识的学习，重点要让学生掌握污染控制微生物学、环境工程原理、环境监测等专业基础知识，并掌握先进分析测试仪器的基本原理和使用方法，能理解其适用范围和局限性；在此也包括了能将工程基础和专业知识用于污染防治工艺的设计、开发、控制和优化管理；能够基于相关科学原理和数学模型方法正确表达复杂环境工程问题；能应用基本原理，借助文献研究，分析复杂环境工程问题的影响因素，并通过比较证实解决方案的合理；能根据用户要求和实际情况提出解决复杂环境工程问题的目标和技术方案的能力培养。

3）专业类课程主要让学生掌握污染控制技术、生态环境治理技术等的理论与知识，包括培养根据用户要求和实际情况提出解决复杂环境工程问题的目标和技术方案的能力；培养设计满足水、大气和固体废物处理需求的工艺单元及工艺流程、工艺系统，并对设计方案进行可行性分析的能力；培养对工艺流程设计方案进行优化，体现创新意识，在工程设计中综合考虑社会、健康、安全、法律、文化及环境等制约因素的能力；培养理解诚实公正、诚实守则的工程职业道德和规范，并能在工程实践中懂法守法，自觉遵守的能力；培养了解环保领域的国际发展趋势、研究热点，理解和尊重世界不同文化的差异性和多样性等能力。

5.5 工程实践与毕业论文（设计）

本专业设置了完善的实践教学体系，与企业密切合作建设了多个校外实践实习基地，开展实习、实训，培养学生实践与创新能力；毕业论文（设计）选题结合本专业工程实际问题，培养学生工程意识以及综合应用所学知识解决实际问题的能力。

5.5.1 专业的实践教学体系及相关情况

基于成果导向教育的反向设计原则，依据课程对应用于毕业要求中达成的指标点的需求来配置课程实践环节，确保课程达到相应的培养目标。

基础实践环节使学生理解工程技术领域的基本知识、方法，了解工程领域现状、前景，能够从实际工程角度看待实践中遇到的问题，并进行分析、求解，理解工程师职业性质与责任，培养基本职业道德。通过相关实践、实验环节使学生养成良好工程师素养。

专业实践环节使学生能够综合地运用所学的环境工程专业知识解决工程问题，掌握与水污染控制、大气污染控制及固体废物处理处置及资源化相关的专业内容及所涉及的专业技术，掌握专业实验技能和仪器、设备的使用方法，学会设计实验方案和组织实验的方法；培养和提高学生解决工程实际问题的能力与创新意识。

综合实践侧重通过环境实习、课程设计、毕业论文（设计）等进一步培养学生认识、了解相关的职业和行业的生产、设计、研发等方面的方针、政策和法律法规；能综合运用理论，解决工程实际问题的能力与创新意识。

1）实践教学体系：本专业的实践教学环节包括实验教学、课程设计、实习和毕业论文（设计）（表 5-1）。

表 5-1　本专业实践教学体系

环节名称		内容要求与教学方式	学分要求/分
实验教学		内容要求：结合课程知识，独立设课，共 16 个独立实验和 1 个创新创业学分转换，具体实验内容要求，详见实验大纲 教学方式：采取分组实验、分组指导方式，指导学生动手操作、独立完成实验	16.5
课程设计		内容要求：共有 5 个课程设计，具体课程设计内容要求详见课程设计大纲 教学方式：指导学生独立完成课程设计	7
实习	认知实习	内容要求：专业认知实习内容要求详见认知实习大纲 教学方式：实习指导教师及技术人员讲解和现场参观相结合	1
	生产实习	内容要求：专业生产实习内容要求详见工程实践大纲 教学方式：听专家报告、实地参观、学习和动手操作相结合	2
	毕业实习	内容要求：专业毕业实习要求详见毕业实习大纲 教学方式：听专家报告、实地参观、学习和动手操作相结合	2
毕业论文（设计）		内容要求：专业毕业论文（设计）要求详见毕业论文（设计）大纲 教学方式：教师指导和学生实践相结合	8

2）课程设计：本专业每位学生必须完成水污染控制工程课程设计、大气污染控制工程课程设计、固体废物处理处置与资源化课程设计、环境影响评价课程设计和生态修复工程原理与实践课程设计（表 5-2）。课程设计每班配有一名指导教师，设计题目每人一个，每名同学的设计方案不完全相同，需独立完成。

表 5-2　每位学生必须完成的课程设计

设计名称	内容与工作量要求	时间及学分要求
水污染控制工程课程设计	内容：生活污水、工业废水、分散性废水、城镇废水等的处理设计 工作量要求：完成设计报告（说明书）1 份，图纸 1 份	2 周/ 2 学分
大气污染控制工程课程设计	内容：除尘工艺设计、挥发性有机废气处理工艺设计、烟气脱硫工艺设计、烟气脱硝工艺设计等 工作量要求：完成设计报告（说明书）1 份，图纸 1 份	2 周/ 2 学分
固体废物处理处置与资源化课程设计	内容：生活垃圾堆肥处理、生活垃圾填埋、污泥处理处置技术；固体废物的资源化技术等 工作量要求：完成设计报告（说明书）1 份，图纸 1 份	1 周/ 1 学分

设计名称	内容与工作量要求	时间及学分要求
环境影响评价课程设计	内容：相关法律法规、导则和标准，以及技术方法的使用和确定的案例设计；生态影响型、污染防治型建设项目的环境影响评价案例设计；工程分析和环境预测章节编制案例设计；污染防治（风险分析）章节编制案例设计；建设项目环境影响报告书（或篇章）的编制案例设计 工作量要求：完成设计报告 1 份	1 周/ 1 学分
生态修复工程原理与实践课程设计	内容：生态环境状况调查设计、生态环境状况评价设计、生态修复工程规划设计、生态修复实施方案撰写 工作量要求：完成设计报告 1 份，图纸 1 份	1 周/ 1 学分

3）实习：每个学生必须有企业实习经历（不包括学生参与的活动）。专业实习要求见表 5-3。

表 5-3　专业实习要求

类别	实习项目与教学方式	时间及学分要求	考核与成绩判定方式
认知实习	实习项目：污水处理厂参观、垃圾填埋场参观、热电厂或脱硫中心参观等 教学方式：实习指导教师及技术人员讲解和现场参观相结合	1 周/ 1 学分	由实习指导老师根据实习表现、实习报告给出最终成绩
生产实习	实习项目：污水处理厂、脱硫中心、垃圾填埋场等参观，处理厂设备认知及动手操作，处理设备生产过程认知，专家讲座等 教学方式：听专家报告、实地参观、学习和动手操作相结合	2 周/ 2 学分	由实习指导老师根据实习表现、实习报告给出最终成绩
毕业实习	实习项目：学习企业的生产管理模式和运行方法，全面了解实习企业的生产过程，"三废"治理的详细情况，清洁生产的基本情况（现状、发展史、经验教训、存在问题及改进措施等） 教学方式：听专家报告、实地参观、学习和动手操作相结合	2 周/ 2 学分	由实习指导老师根据实习表现、实习报告给出最终成绩

4）学生以团队形式完成的实践教学活动：为培养学生的团队合作意识和能力，学生的实验教学环节绝大部分以团队形式完成。以团队形式完成的实践教学活动列表扫描二维码可见。

5）毕业论文（设计）的分类情况：近 3 届毕业论文（设计）分类情况见表 5-4，其中毕业设计近 3 届分别占 38.46%、46.43%、41.38%。

以团队形式完成的实践教学活动列表

表 5-4　近 3 届毕业论文（设计）分类情况

类别	分类基本描述	基本要求	所占比例/%		
			2019 届 （2015 级）	2020 届 （2016 级）	2021 届 （2017 级）
毕业论文	在试验的基础上，对污染控制技术、机理、材料等进行分析、研究，并形成书面论文	主要内容包括文献综述、论文任务书、实验方案设计、结果分析等。 论文主体部分不少于 8 000 字	61.54	53.57	58.62
毕业设计	来源于企业或面向企业，有可能直接转化为生产力的课题内容，最终成果为设计文件及图纸	主要内容包括文献综述、设计任务书、方案论证、设计与计算、技术经济分析等，并附有相应的设计图纸和计算书。 说明书不少于 8 000 字	38.46	46.43	41.38

6）学生进企业实习实践的情况：环境工程专业通过构建立体式交流平台，提供多样化实践机会，实施循序渐进式培养方案，创造人性化管理环境，完善学生校外实习基地的建设，突出培养学生的创新能力。采用理论与实践一体化课程教学方式，把实验和实习连贯起来形成实践教学体系。充分利用第三方公司、校友资源等，通过技术合作、优势互补，加强校外实习基地建设，取得了显著成效。为学生的实践活动提供了良好的平台。2018—2020 年学生进企业实习实践的情况见表 5-5。

表 5-5　2018—2020 年学生进企业实习实践的情况

企业名称	校外合作方	承担的教学任务	学生考核方式	每年进企业学生数		
				2018 年	2019 年	2020 年
辽河七星国家湿地公园		认知实习	实习表现、实习报告	2017 级 29 人	2018 级 33 人	—
沈阳南部污水处理厂	沈阳市光大环境保护职业培训学校	认知实习、生产实习	实习表现、实习报告	2017 级 29 人 2016 级 28 人	2018 级 33 人	
沈阳老虎冲垃圾填埋场		认知实习	实习表现、实习报告	2017 级 29 人	2018 级 33 人	
沈阳小南河污水处理厂	沈阳市光大环境保护职业培训学校	生产实习	实习表现、实习报告	2016 级 28 人	2017 级 29 人	
沈阳第三热力公司	沈阳市光大环境保护职业培训学校	认知实习、生产实习	实习表现、实习报告	2016 级 28 人	2017 级 29 人	2019 级 56 人
沈阳新城子污水厂	沈阳市光大环境保护职业培训学校	认知实习	实习表现、实习报告			2019 级 56 人

企业名称	校外合作方	承担的教学任务	学生考核方式	每年进企业学生数		
				2018 年	2019 年	2020 年
沈阳中街冰点城	沈阳市光大环境保护职业培训学校	认知实习	实习表现、实习报告	—	—	2019 级 56 人
沈阳可口可乐公司	沈阳市光大环境保护职业培训学校	认知实习	实习表现、实习报告	—	—	2019 级 56 人
大辛垃圾填埋场	沈阳市光大环境保护职业培训学校	认知实习	实习表现、实习报告	—	—	2019 级 56 人
光大环保科技处理有限公司	沈阳市光大环境保护职业培训学校	生产实习	实习表现、实习报告	2016 级 28 人		
沈阳沙岭污水厂	沈阳市光大环境保护职业培训学校	生产实习	实习表现、实习报告	—	2017 级 29 人	—
北京东方仿真软件技术有限公司		生产实习	实习表现、在线考核	—		2018 级 33 人

注：2020 年 2018 级学生生产实习、2019 级学生认知实习因新冠肺炎疫情影响采用线上方式进行。

5.5.2　保证学生修满此类课程的要求及措施

（1）实验课程

全部实验课程均为必修，课前要完成实验预习，上课时按时完成实验操作，课后完成实验报告，对无故未参加实验课的同学将不做实验成绩的统计。

（2）工厂、企业实习

1）入厂教育：实习开始时，实习接收单位将指派人员向学生做入厂教育，介绍本单位生产情况，进行安全、保密教育；通过公司情况介绍，了解公司和车间的生产流程、企业生产情况及生产组织管理方面的内容。

2）现场实习：学生按实习计划对典型工艺参观实习，通过观察分析、查阅资料、向工人和技术人员请教等方式完成规定的实习内容。

3）听取讲课：为保证和提高实习质量，在实习期间可请实习单位有关人员做技术报告，介绍污染控制设备结构和特点、存在的问题与解决途径以及生产组织和管理方面的经验与问题。

4）组织参观：在实习期间，适当组织学生参观有关单位，以便学生获得更广泛的生产实践知识。

5）组织讨论：在车间实习后，在老师的指导下，组织同学之间讨论实习过程中的一些问题，回到生产现场进行有针对性的、深入的观察，使学生在实习过程中带有任务和目的，从而引导学生主动学习，培养学生的团队精神，激发学生的创新能力。

6）根据实习内容，聘请公司经验丰富的技术人员讲授污水处理关键工艺过程。

7）实习要求：完成总结报告，总结报告中必须有规定典型工艺的实习内容，要有对生产问题的说明、分析和评论，以及总结实习收获等。

8）实习考核：根据学生的实习态度和表现、实习报告的质量综合确定考核成绩。

5.5.3 实习、实训类课程培养学生的工程实践能力和创新能力

（1）认知实习

了解有关工程及业务知识与安全工作规程，了解我国环境工程领域的政策、法规，激发学生对专业知识的学习兴趣；强化学生的社会责任感，要求学生增强对社会及相关岗位工作的感性认识；锻炼学生良好的团队协作能力和一定的组织能力；要求学生具备环境工程相关企业的实践经历，了解其运行管理、生产工艺等工作原理。

（2）生产实习

通过设备认知及动手操作，培养学生实际工作和操作能力，同时也使学生通过接触实际生产过程，加深对本专业的了解，逐步建立工程观念和专业思想。

5.5.4 毕业论文（设计）培养学生的工程意识、协作精神以及综合应用所学知识解决实际问题的能力情况

毕业论文（设计）要能够培养学生综合运用所学的基础理论、专业知识和基本技能，并通过自我学习，提高分析、解决复杂工程问题的能力，使学生理解工程与社会、环境和可持续发展的关系，并在开发设计方案中考虑综合因素，进行实践。立题要根据教学大纲，体现因材施教的原则，一人一题，类型多样化，难易适度，工作任务饱满。题目应尽可能结合在研科研项目、实际工程项目和生产实践的实际任务。

近 3 年的学士学位论文中，各类选题基本能够结合本专业的工程实际问题，重点培养学生以下几方面的能力：①掌握文献检索方法；②在设计中体现创新意识；③能够使用现代化工程与信息技术工具并理解其局限性；④具有良好自我行为规范和人文科学素养；⑤有效沟通和交流能力；⑥国际视野；⑦拟定实施计划及组织管理的能力；⑧具备不断学习、适应环境工程及相关领域发展的能力。

5.5.5 实验、实习实训和毕业论文（设计）等主要实践教学环节的质量控制机制

（1）实验实践教学环节的质量控制机制

本专业实验课程主要在学校和学院的实验室进行。学院鼓励本专业本科生积极利用学院相关实验室完成课程实验设计和实验操作。为强化学生实践能力和创新能力培养，本专业对所有基础课程的实验、实践环节以及课程设计等独立设课，有专门的教材或讲义、专门的教学计划和任课教师，进行单独考核，单独计算学分和成绩。根据学生完成

实验的情况，包括实验过程中的认真程度、实验的完成情况以及实验后提交的实验报告，实验课老师给每个单独实验一个综合成绩。不同类型的实验各个环节所占比重会有差别。

（2）实习实践教学环节的质量控制机制

认知实习采取指导教师及技术人员讲解和现场参观相结合的方式，通过指导教师讲述的形式，进行必要的专业知识介绍，使学生对本专业的基本内容有一个概括的了解；深入现场，由实习单位技术人员、工人师傅和带队教师直接进行具体指导，实习结束后，学生参照给定格式提交实习报告。指导教师根据学生实习表现和实习报告评定成绩。

（3）毕业论文（设计）实践教学环节的质量控制机制

为了使学生综合能力和素质培养更加有效，本专业高度重视毕业论文（设计）管理。根据《辽宁大学本科毕业论文（设计）管理规定》《辽宁大学学位论文作假行为处理办法实施细则》文件规定，学院制定了《辽宁大学环境学院毕业论文工作实施细则》。

5.6 人文社会科学类通识教育课程建设

5.6.1 学分情况

人文社会科学类通识教育课程占培养计划总学分的比例见表 5-6，符合通用标准的要求。

表 5-6 本专业人文社会科学类通识教育课程学分及占比情况

课程名称	学分/分	占比/%
思想道德修养与法律基础	3	1.82
中国近现代史纲要	3	1.82
马克思主义基本原理概论	3	1.82
毛泽东思想和中国特色社会主义理论体系概论	5	3.03
习近平新时代中国特色社会主义思想概论	2	1.21
形势与政策	2	1.21
大学英语	12	7.27
军事理论	2	1.21
军事技能	2	1.21
体育	4	2.42
健康教育	1	0.61
大学生心理健康教育	2	1.21
劳动教育	2	1.21
职业生涯规划	0.5	0.30
大学生就业指导	0.5	0.30
合计	44	26.67

5.6.2　保证学生修满此类课程的要求及措施

（1）通过教学过程的严格管理与合理运行实现

学校和学院有一整套关于教学质量监控与管理、教学改革与教学管理、教学运行管理和实践教学管理的规定，如《辽宁大学考试工作条例（修订）》《辽宁大学本科生学籍管理办法》等。

课堂教学：本专业的课堂教学严格按照学校和学院的要求管理和运行，教师和学生接受学校和学院两级教学督导组的检查，在严格的教学奖惩制度保障下，教学秩序良好。学生通过课程学习，根据作业、考试成绩、实验成绩等考核方法进行评定，达到及格以上为合格。

教学效果评价：通过学校教学督导组评价、学院教学督导组评价、学生评教评价、学校中层以上干部听课与评价和教师互评，全程跟踪课程教学情况，对课堂效果进行考核，全方位评价课程教学情况。

考试管理：认真组织教师进行试卷的命题与阅卷工作，使考试成为正确引导学生学习、考核教学质量、改进教学工作的重要手段。所出试题注重基本理论与基本技能的比例，全面考查学生分析问题和解决问题的能力。注意考试形式的多样化，阅卷规范、认真，完全做到规范化管理，考试试卷、试卷分析、试卷及答案由开课单位集中存档管理。

（2）通过对试卷分析和持续改进实现

试卷分析评价：采用考试内容、考试题型及分布和难易程度等几个方面，分析试题的合理性，全面评估试卷内容对课程目标和毕业要求指标点的支撑情况。

成绩分析评价：采用考试成绩分布、考试效果及存在的问题和改进建议等几个方面，全面评估试卷的考试结果及成绩分布，使试卷更趋于合理，为课程建设和课程目标的达成提供有效依据和保障。

持续改进：以上教学过程督导结果都将及时反馈给课程教学团队，并将作为课程建设和教学改进的依据。课程团队会根据上述评价意见及时对课程教学改进与完善，保证教育教学质量。

5.6.3　学生综合能力培养的作用

通过中国近现代史纲要、毛泽东思想和中国特色社会主义理论体系概论、思想道德修养与法律基础、大学外语、职业生涯规划、大学生就业指导等课程的学习，学生学习了有关经济、环境、法律、伦理、军事、外语、历史和职业规划等人文社会科学方面的知识，提升了文化底蕴和人文素养，树立了正确的世界观、人生观和价值观，提高了思想道德素质，提高了运用马克思主义的立场、观点和方法分析问题、解决问题的自主创新能力。

5.7　教学过程质量监控机制建设

为了提高教学质量，保障人才培养目标的实现，学校建立了学校、学院、专业三级教学质量保障体系，本专业对主要教学环节均有明确的质量要求，采用"学生教学评价制"和"教学督导制"等保证对教学质量的监控，定期开展课程体系设置和课程质量评价，促进教学工作持续改进。

5.7.1　教学质量保障体系

（1）构建教学质量保障体系三级组织机构

教学质量保障体系组织机构是为提高教学质量提供有力的人、财、物保障。学校实施教学质量责任制，构建了学校、学院和专业三级责任机构。教学质量保障活动由各级单位，根据各自职责，层层负责，教学质量作为各级主要领导和分管领导考核重要指标。

在学校层面，校长是教学质量保障第一责任人，主管教学的副校长是直接责任人，以教务处为主导，联合校属各职能部门、教辅单位，协调教学投入与运行组织保障；学校设有教务处、本科教学质量监控中心作为教学质量保障的校级指导与监控组织。

在学院层面，院长是学院教学质量保障第一责任人，主管教学的副院长是直接责任人，以院教务办为主导，联合院学工办等协调院级教学组织保障，同时学院设有教学指导委员会、教学督导组作为院级教学质量保障的指导与监控组织。

在专业层面，各系主任是教学质量保障的基层负责人，直接负责各自专业教学工作的落实与监控。定期开展专业方向活动，研究教学内容与教学方法，评估教师教学水平和课程教学质量。

（2）形成相对完整的"运行—控制—反馈—改进"的质量管理闭环

为了提高教学质量，保障人才培养目标的实现，学校建立了行之有效的教学质量保障模式，该模式包括教学目标管理专项考核、二级教学质量督导、三级教学管理机构、四个质量保障子系统和全面质量监控等具体内容。学校质量保障体系结构由质量目标决策、教学条件保障、教学过程管理和监控与信息反馈四大子系统组成，形成了相对完整的"运行—控制—反馈—改进"的质量管理闭环。图 5-1 为教学质量保障组织结构。

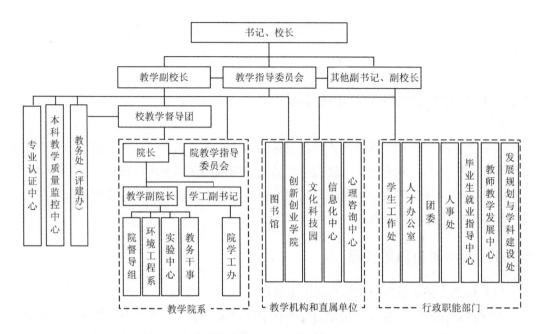

图 5-1　教学质量保障组织结构

5.7.2　主要教学环节的质量要求

在学校面向所有本科专业提出的本科教学管理制度的基础上，结合本专业具体实际，建立专业培养目标实现状况的评估机制和院级教学环节质量管理文件，对所有教学环节提出质量要求并进行持续评估和及时纠正。

5.8　思想政治教育建设

辽宁大学环境科学与环境工程学科起源于 1958 年创办的生物学专业，是东北地区地方高校唯一的博士点，具有本硕博完整人才培养体系，为深入开展"三全育人"奠定了坚实基础。2019 年，学院成立"三全育人"工作领导小组，按照教育部和校党委的总体方案，围绕环境学科建设分别从课程育人、实践育人等 10 个方面组织实施，形成了以下特色做法。

5.8.1　推进课程思政改革，实现课程育人和科研育人

将习近平生态文明思想融入课堂，统筹规划水、土、生、化大环境学科群一体化育人模式。组织编写《思想政治教育环境论》《大学生生命观教育》《化学课程思政元素》教育教学通识教材。在专业课程、科研实验方面紧密对接思政教育，"3+N"课程思政

人模式覆盖所有课堂和科研实验场所，编织学科交叉融合的育人网络。

5.8.2 开展社会实践，实现实践育人和心理育人

坚持育心与育德结合，依托于沈阳柳条湖（"九一八"事变原址）、丹东大梨树、抚顺西露天矿、本溪太子河（承担水专项的示范区）等教学科研基地，打造一体化思政、教学、科研实践平台，将爱国主义、"干"字精神、雷锋精神、长子情怀和新时代辽宁精神等思政元素与学科工程实践有机结合。

5.8.3 强化意识形态阵地管理，实现文化育人和网络育人

依托"环境学院微辅导工作室"载体，开展共产党员立德树人、思想政治教育网络提升、朋辈导师育人、青年马克思主义者培养四大工程。落实意识形态责任制，建立学生社团管理、报告会审批、抵御和防范宗教渗透等制度，形成研判机制，牢牢抓住意识形态领导权，培养红专能优、生态环境保护和生态文明建设的铁军。

5.8.4 加强基层党组织建设，实现组织育人和管理育人

一是夯实组织基础，扩大工作覆盖，提高辐射能力，切实提升组织力；二是强化示范引领作用，切实发挥党组织政治核心作用，提高管理能力和管理水平，以科学管理促进道德涵育；三是发挥师生党员模范作用，把思政教育贯穿各项工作和活动，激发学生的爱党、爱国情怀。

5.8.5 推进思政队伍建设，实现服务育人和资助育人

学科与马克思主义学院（全国重点"马院"）建立长效合作机制，聘请辽宁大学"马工程"专家房广顺为本学科思政队伍顾问，着力培养政治坚定、素质优良、专业精湛的高水平教师队伍，树立先锋教师的领军作用，强化优秀辅导员的带头作用，发挥模范学生和毕业生的榜样作用。实施"辽宁大学'三师'助学育人工程"，提供靶向服务，切实帮助学生解决实际困难。

5.9 课程教学改革与质量督导

5.9.1 课程教学改革

（1）课程设置方式

以工程教育认证的理念推动学科内涵建设和改革，本学科 5 年内 3 次调整课程设置：

将习近平生态文明思想融入课程教学全过程，增设"生态环境损害鉴定评估"等 4 门实践课、"应用环境经济学"等 5 门文理交叉课、"Pollution Control Chemistry"等 7 门全英文课，首次在研究生中开设"真实问题与创新创业"课程。

（2）课程教学方式

一是将教学内容围绕时代性和前沿性进行创新；二是鼓励师生利用我们研发的行业企业真实问题网站"砍瓜网"开展实践课程教学和论文选题，将社会需求与科研教学紧密结合；三是集成国内外优质的在线课程资源和虚拟仿真教学资源，加强网络课程平台建设，开展直播授课。目前，68.2%的论文选题来自"砍瓜网"，线上课程全覆盖，2 门虚拟仿真课程试点。

（3）课程考核方式

丰富考核方式，高度重视科研与教学的关系，以科研引领教学，更加侧重对学生学术创新精神和科研实践能力的考核。增加学生在校参加创新创业的实践环节，并依托主持的教育部教改项目"产教融通的新工科人才创新创业教育实践平台开发与保障"，探索"产教融合"人才培养模式改革，突出专业人才培养的创新型"复合型"应用型特色，建立可量化的创新创业课程考核体系。

5.9.2　质量督导

（1）建立培养方案研讨论证机制

重视研究生培养方案的更新与优化，每年召开培养方案工作会议，在征求学科带头人和任课教师意见的基础上，邀请环保专家参与论证培养方案的调整方案，最终由环境学院学术委员会审议通过。

（2）构建教学质量科学评价机制

深化学校、学院、老师"三位一体"督导制度，成立学院教学督导组，按照辽宁大学教学督导工作要求，通过听课、档案评查、学生随访等方式，对教学设计、方法和效果等形成动态监督约束，严格选题、开题、预答辩、答辩环节。

（3）建立教学质量末位约谈机制

针对督导组考评、听课学生匿名填写的教学质量考核表，依据相应规则形成量化分数。每学期对教学考评分数后 5 位教师组织约谈，要求提交教学改进报告，并在之后重点督导。

第6章

真实问题导向下的师资队伍体系建设

6.1 师资队伍体系建设中的真实问题

2019 年，中共中央、国务院印发《中国教育现代化 2035》，提出推进教育现代化的八大基本理念，部署"建设高素质、专业化、创新型教师队伍"作为面向教育现代化的十大战略任务之一。这体现了推动教育现代化和建设教育强国中高校教师队伍建设的重要性。在此背景下，高校如何培养具有专业化特点的教学能力以及实践能力的教师队伍，引导教师在注重理论教学的基础上，更关注实践教学的基本要求，从而为高校学生的实践学习提供有效参考和更为广泛的学习途径是高校师资队伍建设中所需要解决的真实问题。基于上述问题，辽宁大学环境科学与工程学科从教师专业水平和工程经验等能力的培养、积极参与"新工科"背景下的教育教学改革、师德师风建设等方面开展真实问题导向下的师资队伍建设探索与实践，以期从师资队伍体系建设角度为具备良好身心素质、人文素养、创新意识、国际视野、社会责任感和职业道德等的高素质应用型环境领域专业人才的培养提供有力支撑。

6.2 教师数量及师资结构建设

环境工程专业具有一支学历、职称、学缘结构合理，业务素质好、学术水平高的师资队伍，满足专业人才培养要求。同时为了促进学生工程实践能力的培养，聘请了一批经验丰富的专家及企业工程师作为本专业的兼职教师，形成一支工程经验丰富、有力支撑学生培养的企业教师队伍。长期以来，校、院两级高度重视师资队伍建设，牢固树立立德树人根本任务，加大人才引进和骨干教师培养力度，不断提升教师教学质量和科研水平，已形成一支规模适中、结构合理、符合专业培养目标定位要求的高水平师资队伍，有效地满足了环境工程专业人才培养需要。

6.2.1　教师队伍人员概况

环境工程专业现有专职教师 28 名，其中专任教师中正高级职称 14 人，副高职称 9 人，中级职称 5 人，高级职称教师占专任教师的比例为 82.1%，其中博士生导师 4 名；专任教师中具有博士学位的有 21 人，占比 75%，硕士学位的有 7 人，占比 25%。专任教师全部具有环境工程领域相同或相近的专业背景。

专业教师队伍中入选国家"百千万人才工程"第一层次 1 人、"万人计划"领军人才 1 人，"全国创新争先奖"获得者 1 人，国务院特殊津贴专家 2 人，辽宁省优秀教师 2 人，辽宁省特聘教授 3 人，"兴辽英才计划"杰出人才 1 人，"兴辽英才计划"科技创新领军人才 2 人，"兴辽英才计划"青年拔尖人才 2 人，中科院青年创新促进会会员 1 人。

6.2.2　师资结构

（1）职称结构

环境工程专业专任教师中具有副教授及以上职称的人数为 23 人，高级职称占总人数的 82.1%；中级职称人数为 5 人，占教师总人数的 17.9%。

（2）年龄结构

环境工程专业教师平均年龄为 46 岁，其中教授平均年龄 50 岁，副教授平均年龄 43 岁，讲师平均年龄 38 岁，已经逐步形成了以中青年教师为主体、年龄结构相对合理的教师队伍。

（3）学历结构

环境工程专业专任教师中具有硕士及以上学位的教师有 28 人，占全部教师的 100%，其中具有博士学位的教师有 21 人，占全部教师的 75%。

（4）学缘结构

环境工程专业 28 名专任教师中，有 13 名硕士或博士毕业于环境科学与工程专业，占总人数的 46.4%，其他为化学专业 6 人，土壤或生态专业 4 人，工程力学专业 2 人，矿物加工工程、农学、生物资源各 1 人；教师中具有国外或境外学历的有 2 人；教师中具有海外学习或进修经历的有 8 人，占比为 29%。环境工程专业现有专任教师的总体情况见表 6-1。

6.3　教师的教学能力和专业水平建设

学校在人才引进和聘期考核上注重教学能力、专业水平能力的考察。教学评价和教学成果表明本专业的教师教学经验丰富、沟通能力较强。科研项目和成果情况反映教师具有较高的专业水平和职业发展能力。教师积极参与学术交流。教师均有承担或参与企业横向项目的经历，教师工程背景满足专业教学的需要。

表 6-1　专任教师队伍总体状况

单位：人

职称	年龄结构				学历结构			学缘结构		
	35 岁以下	36～45 岁	46～60 岁	60 岁以上	博士	硕士	学士	本类专业	相近专业	其他专业
正高	0	5	8	1	10	4	0	5	9	0
副高	2	4	3	0	7	2	0	5	4	0
中级	2	3	0	0	4	1	0	3	2	0
其他	0	0	0	0	0	0	0	0	0	0
合计	4	12	11	1	21	7	0	13	15	0

本专业教师教学能力、专业基础理论、工程实践经验、沟通能力和职业发展能力能够满足人才培养的需要，全部专任教师均具有工程实践背景，同时，能够与环境工程相关领域内科研院所合作开展工程实践问题的科学研究工作，并反哺到各教学环节，较好地满足专业教学的需要。

结合环境工程专业教师队伍结构、理论教学、工程实践、企业培训及从事科研工作等多方面情况，围绕专业人才培养需求，利用学校教师引进、工程实践及国外培训等多种培养路径，依据教师的个性特征及发展需求，为教师发展成长定制个性化方案，旨在使得教师教学水平不断提升、专业能力更加精湛、工程经验日趋丰富，不断满足环境工程专业日趋完善的人才培养需求。

6.3.1　教师能力认定

学校和学院制定了教师岗位职责相关规定以及教师各项能力认定的办法，包括《辽宁大学高端人才引进工作条例（试行）》《辽宁大学世界一流学科人才引进暂行办法》《辽宁大学世界一流学科建设引进海外优秀人才实施办法（试行）》《辽宁大学人才引进实施办法》《关于我校人才引进工作的补充规定》《辽宁省高等学校教师职务任职条件》，对教师在教学能力、工程经验、沟通能力和职业发展能力等方面提出要求。在教学能力上，新任教师及授新课的老教师均应掌握拟开课程的相关专业知识，能深入领会教学要求、教学大纲和教学计划等；在工程经验上，通过各种企业合作项目、各种企业的工程实践，组织学生赴工厂、企业开展认知实习和专业实习的同时，专业教师也参与了工程实践学习等，积累了丰富的工程实践经验；在沟通能力和职业发展能力上，如参与编辑和学科专业相关著作、教材或主编讲义，举办公开学术报告、出席境外学术会议或交流访问、参与相关学科的规划、建设方案制定及实施等。

6.3.2 教师能力培养

（1）教师学术交流能力

学院注重通过进修学习（交流）提升教师能力，学院依托北方环境论坛、环保论坛、技术成果展等形式广泛开展学术交流与合作，先后主办、承办了多次国内学术会议，吸引德国、日本、芬兰、加拿大、韩国等国家专业人士和学者参与学术交流，本专业教师也积极参与其中，通过学术讲座、专题研讨等，提升本学科国际影响力。

（2）教师教学能力

本专业始终重视新教师和青年教师的培训，学校按照《辽宁省高等学校教师岗前培训工作实施方案》，秉承"思想政治素质和业务水平并重，理论与实践统一"的理念、"按需培训，学用一致，注重实效"的方针，坚持立足国内、省内，以在职为主，加强实践，多种形式并举的培训原则。通过培训提高青年教师的教育教学能力、创新能力和实践能力，培养青年教师的国际视野和国际竞争力，提升青年教师的整体素质和学术水平。

（3）教师工程实践能力

教师工程实践能力有利于教师理论教学和科研水平的不断提高，是本专业可持续发展的重要能力。提高教师的工程实践能力、强化工程实践背景，既符合学院培养创新型、工程应用与研究型人才的办学定位，更是教师队伍建设的一项重要任务。按照"严格要求、合理安排、校企合作、共同考核"的原则，校、院两级通过多种方式对教师进行培训。在不影响正常教学秩序的条件下，依托《辽宁大学"专家进企业、进园区、进农村开展科技服务促振兴活动"实施方案》《辽宁大学高校千名专家进千家企业活动实施方案》，促进专任教师到企业担任技术顾问、科研合作等工程实践活动，以促进教师工程实践能力的提升。

6.3.3 科研与学术水平

教师积极参与科学课题研究与学术交流以及教学研究和教学改革项目，通过教研结合满足专业教学和人才培养的需要。近年来，本专业教师承担国家重大科技专项、国家自然科学基金等各类科研项目，承担的各类教学改革等项目 30 余项，获省部级教学成果奖 4 项，"全国创新争先奖"1 项，国家科技进步二等奖 3 项，中国煤炭工业科学技术奖一等奖 2 项，中国颗粒学会自然科学奖 1 项，中国商业联合会科学技术奖 1 项，辽宁省科技进步奖三等奖 1 项，辽宁省自然科学奖二等奖 3 项、三等奖 2 项，辽宁省自然学术成果奖一等奖 3 项、二等奖 2 项，对环境行业发展发挥了支撑和引领作用。本专业教师获奖情况表扫描二维码可见。

本专业教师获奖情况表

学院鼓励教师以实际科研项目指导本科生毕业论文（设计），培养学生理论结合实际能力。在最近一年（2020 届）的毕业论文（设计）题目中，教师结合科研项目指导毕业论文（设计）的比例达 69.7%。教师结合科研项目指导毕业论文（设计）情况扫描二维码可见。

教师结合科研项目指导
毕业论文（设计）情况

6.4 教师教学指导和教改能力建设

学校通过出台一系列的制度措施规定了每位教师应承担的本科教学任务，通过岗位分类考核办法对教师的教学改革工作提出明确要求，对积极参与教学改革的教师提供经费支持，对取得教学成果的教师进行奖励，这些制度和措施可促进教师投入更多精力到本科教学和指导中，并积极参与教学改革。

6.4.1 保证教师时间和精力投入教学和学生指导中的制度和措施

专业通过学校和学院的教学管理、教学奖励等措施保证教师投入足够的时间和精力在本科教学和学生指导上。学校制定了《辽宁大学本科教学工作规程》《辽宁大学教师课堂教学质量考核办法》《辽宁大学教学责任事故的认定及处理办法》等制度，保证教师在本科生教育教学和学生指导中的投入。

学院在教育教学方面遵循"督导检查—信息反馈—整改措施—制度改进—督导检查"的运行机制，课程教学团队负责课程建设、教材编写等工作，学院教学指导委员会负责教学大纲、教案的审核以及实习实践、毕业论文（设计）的质量管理，教学督导团负责课堂教学质量考核评价、教学监督检查及信息反馈，形成了"三方评价—全程检查—效果分析—反馈提升"的教学质量保障运行模式，实现对教学过程进行全过程跟踪与监控。同时鼓励专业教师结合科研实践进行授课，将科研成果转化成教学内容，实时将科研生产实例、真实问题等结合到教学中，积极投身启发式教学方法改革实践活动中。制定了一系列切实可行的措施奖励在本科教学改革、教学建设、提高教学质量中表现优异和有突出贡献的单位及教师，包括《辽宁大学听课制度暂行规定》《辽宁大学校（院）领导听课制度暂行办法》《辽宁大学课堂教学超工作量奖励办法》《辽宁大学本科教学成果奖评选办法》等，以及《辽宁大学本科教学名师评选办法（试行）》和《辽宁大学本科优秀主讲教师评选办法（试行）》等。

学校要求每名教授每年必须讲授本科生课程 32 学时及以上；要求青年教师必须参加青年教师课程观摩活动，承担辅助教学工作或者参与课程建设和教学活动。为便于对教师工作进行定量评价，学校制定《辽宁大学教师教学工作量计算办法（修订）》，对理论教学、实验教学和实践教学等都进行明确的工作量量化和考核。同时，对教学效果和教学状态进行定性和定量评价，确保教师的教学投入和教学质量。学校每年对所有教职工都进行年度考核，同时按照《辽宁省高等学校教师职务任职条件》《辽宁大学教师课堂教学质量考核办法》等文件和制度，建立了教学考核"一票否决"制度。

6.4.2　教师时间和精力投入情况及判断依据

专业教师通过担任本科生导师、班主任以及毕业论文（设计）指导教师等方式对学生的学习进行指导。2019—2021 年，本专业教师指导毕业论文（设计）共 86 名学生，担任本科生班主任 8 人次。年人均指导毕业论文（设计）3 名学生。

6.4.3　鼓励教师参与教学研究和改革的制度和措施

为鼓励教师参与教学改革，学校在《辽宁大学教师专业技术岗位设置与聘任实施办法（暂行）》中对教学科研类和实验教学类教师的专业技术职务聘用条件中，明确规定了教学类条件的要求。同时，制定了《辽宁大学本科教学改革立项项目、优秀教改项目评选和资助经费管理办法》，对教改项目申报、过程管理、结题验收、经费管理都给出了明确的规定。学校每年组织评选校级教改项目，并从中择优推荐申报国家级、省级教改项目。教改经费专款专用，不得挪作他用。同时，学校还出台了《辽宁大学本科教学成果奖评选办法》，主要奖励在教育教学工作中做出突出贡献、取得显著成果的个人。每年评选 1 次，设置一等奖和二等奖。通过岗位聘任条件要求、教学成果奖励、教学建设经费资助等办法，充分调动教师参与教学改革的积极性，并取得一系列成果。近年来，专任教师主持或参与教学改革项目 32 项，出版专著或教材 22 部，发表教改论文 11 篇。

6.5　教师对学生的指导、咨询、服务能力建设

学院通过制定一系列制度措施确保班主任、本科生导师和专业教师等学院教师对学生开展立德树人教育、进行学业指导、科技创新指导、心理辅导和学业生涯规划，并通过制度明确考核措施和要求，取得了良好的效果。

6.5.1　开展思政教育，加强理想信念教育

学院组织带领全院教职工深入了解、学习课程思政建设工程的相关精神，并结合本院课程设置及工作实际情况，进一步贯彻落实党的十九大精神，落实立德树人根本任务，坚持社会主义办学方向，紧紧围绕"培养什么人、怎样培养人、为谁培养人"这个根本问题，深入挖掘思政教育元素，把思政教育融入每一门课程。学院全面启动"立德树人"

课程思政项目，并予以经费和技术支持，鼓励专业课任课教师梳理专业课程的"思政元素"，将知识教育同价值观教育结合起来，实现对学生思想引领、社会主义核心价值观教育等。环境学院"立德树人"课程思政立项项目扫描二维码可见。

环境学院"立德树人"课程思政立项项目

6.5.2 落实班主任考核制度

学校根据《辽宁大学关于加强大学生思想政治教育的若干意见》制定了《辽宁大学班主任（导师）工作条例（试行）》，明确规定班主任导师工作职责、考核方法和定量考核细则，形成完善的班主任（导师）制度。学院从 2013 年开始对本专业所有在校生开展班主任（导师）聘任和考核工作。学院每年对班主任（导师）进行一次工作考核，对工作业绩突出的班主任（导师）予以表彰奖励。专业教师担任班主任情况见表 6-2。

表 6-2　专业教师近年来担任班主任情况

序号	姓名	所带班级	任职时间
1	程志辉	2017 级	2017—2021 年
2	徐连满	2017 级	2017—2021 年
3	薛爽	2017 级	2017—2021 年
4	李霞	2018 级	2018—2021 年
5	吴洁婷	2019 级	2019—2021 年
6	刘利	2019 级	2019—2021 年
7	徐成斌	2020 级	2020—2021 年

6.5.3 实行本科生导师制

本科生导师是培养学生专业技能、学习能力和综合素质的指导教师。教师在授课的同时，根据真实问题，组织学生讨论，同时解答学生疑问。同时，学校/学院/专业要求和鼓励专业教师为学生提供科研训练与创新创业指导、职业生涯规划与就业指导和心理辅导等。

（1）科研训练与创新创业指导

本专业加大对大学生科研训练、创业活动、学生竞赛等项目的指导。这些活动以项目形式实施，每个学生或小组由至少 1 名专业教师指导。全程指导学生立项、申请答辩、中期检查、结题等环节。学生在参加学校认定的各类竞赛、科研、社会实践等方面取得成果，可以获得相应的学分。近年来，学院获得校学生课外创新基金项目的数量和质量有了显著的提升，学生参与热情高涨，创新学分实现了 100%覆盖。本专业 50%左右的同学参与科研立项，学生创新成果丰富，引导效果明显，学生获批专利数量及发表论文数量逐年上升。2019—2021 年教师指导本专业学生科研训练与实践创新训练情况见表 6-3。

表 6-3 2019—2021 年教师指导本专业学生科研训练与实践创新训练情况

序号	项目名称	项目类型	参与学生人数/人	指导教师
1	环境因子对沈阳北运河底泥磷释放的影响	创新训练项目	2	程志辉
2	煤层原位注水治理大气污染	创新训练项目	2	徐连满
3	深井地热高效开发与利用系统	创新训练项目	2	徐连满
4	家庭户用阳台生态农场	创新训练项目	2	包红旭
5	围垦对滨海湿地碳循环的影响	创新训练项目	2	布乃顺
6	温度和 pH 对准好氧填埋工艺生活垃圾稳定化进程的影响研究	创新训练项目	2	庞香蕊
7	乙烯气相法合成醋酸乙烯的工艺方法	创新训练项目	2	李霞
8	重金属胁迫下绿萝的修复机理及条件优化	创新实践项目	2	吴洁婷
9	典型环境因子对沉水植物苦草生长的影响	创新训练项目	2	布乃顺
10	生活垃圾准好氧填埋过程氮素降解机理研究	创新训练项目	2	庞香蕊
11	煤矿井下废水用于矿业废弃地生态修复的研究	创新训练项目	1	徐连满

（2）职业生涯规划与就业指导

在全校范围内开设《职业生涯规划》《大学生就业指导》等通识课程，讲授与实践指导任务，学院辅导员会在新生入学时讲授有关学生在校生活及踏入社会前的规划，受益面达 100%。班主任（导师）在学生的学业规划和就业指导中也发挥了重要作用。此外，专业教师在与用人单位广泛的合作基础上，及时了解用人单位人才需求，并择优择需向用人单位推荐学生，建立用人单位与学生间的沟通桥梁。

（3）心理辅导

与学校联合开设"心理素质拓展训练"，引导和帮助学生树立心理健康意识。为了更加方便快捷地开展学生工作，提高教师为学生提供辅导、咨询、服务的有效性和针对性，充分利用微信、电话、电子邮件等的教育和培养功能，整合教师、辅导员、院系管理层的育人职责，采用动静结合、优势互补的方式，高效快捷地解决学生日常生活学习中遇到的问题，既增进了解，又加强联系，服务于教学工作，让学生受益。通过辅导员、班主任、由专业教师担任的各类本科生导师之间的相互配合，形成了本科阶段成长过程全方位的指导体系，使得本科生在思想上有了新的提升、情绪上保持稳定、专业技能有所提高。

6.6 教师在教学质量提升过程中的责任能力建设

学校和学院通过一系列相关政策和措施，帮助教师明确其在保障和持续提升教学质量等方面的责任。

6.6.1 保证教师明确质量责任的制度和措施

辽宁大学教育教学工作坚持学校、学院、学术委员会的管理体制，构建"责权明晰、分级负责、管理规范、运行高效"的运行机制。通过教师教学培训、教学改革研究、课堂教学评析、教学资源共享、教师咨询服务等形式，解决教师教学中面临的困惑和问题，督促教师理解成果导向教育（OBE）理念。

《辽宁大学环境学院课程管理办法》和《辽宁大学教师教学工作规范》中，制定了课程教师准入及退出机制。明确指出，课程实行负责人制，根据课堂教学质量测评及学生评教反馈，对授课教师进行综合评价。对课堂教学质量测评结果不合格，或学生反映较多的授课教师，提出改进要求，责成其参加教学培训，并对其继续进行评估。二次评估仍未能达到合格标准的教师将被要求停止此门课程的授课资格。

《环境学院教学管理办法》系统描述了教师应尽的责任。其中，针对课堂教学质量规定：教师授课内容应符合大纲要求，讲究教学方法等。对于取得授课资格的教师，学生对其评教效果差，应给予警告或停课，并进行认真整改和培训。学校、学院建立本科课堂教学准入制度，保证课堂教学质量。新教师必须经过教学讲座、教学观摩、现代教育技术应用培训、专家座谈、听课和试讲等岗前培训。理解课堂授课和使用教学方法是促进课程目标和毕业要求的达成手段。

《辽宁大学本科实验教学管理规范》强调实验教学是培养学生动手能力、观察能力、分析和解决问题能力以及创新精神的重要教学环节。该规范为明确实验指导教师的工作范围和注意事项等提出了相应要求，以促进实验教学质量不断提升。

《环境学院关于本科生课程考核、成绩评定和试卷管理的规定》要求教师遵守严格考试命题、成绩评定和试卷分析规范。考试命题以教学大纲为依据，体现课程的主要内容和基本要求；考试后，教师要对试卷、成绩进行分析，明确学生对知识点掌握情况及教学基本要求达成情况。

《环境学院关于课程建设的规定》要求教师作为课程建设执行主体，必须承担相应建设工作，不得以任何理由推脱，长期不参加课程建设工作的教师停止其授课资格。教师参加日常课程建设是为了保证课程持续发展，从而促进学生知识、能力和素质的提高。

6.6.2 督促和判断教师履行责任的主要办法和依据

《辽宁大学校（院）领导听课制度暂行办法》《辽宁大学教学督导团工作条例（修订）》要求学校党政领导、学院领导及基层学术委员会成员深入课堂，及时了解课堂教学情况，检查、督促教师工作主要包括教学态度、教学内容、教学方法、教学组织、教学素养、教学效果等方面的教学工作，解决教学过程中的问题。学院领导及基层学术组织负责人要认真分析与研究听课中获得的教学信息，及时向任课教师进行反馈，并通过座谈会、集体备课、教学研讨等形式，不断交流教学经验，改进教学方法，提高教学水平和教学质量。教务处每学期也对学院领导、基层学术组织负责人、教学督导反馈听课信息汇总，并反馈给各学院作为改进教学和考核教师工作质量的依据。

学校颁发《辽宁大学教学事故认定及处理办法（试行）》，对教学事故的认定和处理给出了明确的依据，认定结果形成后，由教务处向事故责任人下达《辽宁大学教学事故认定表》，给出详细的事故等级认定标准。将教学事故与教师评优、评奖、晋级、晋职挂钩。

学校制定的《辽宁大学师德建设长效机制实施方法》中建立了对师德建设的约束机制，加大对师德违法违规行为的查处力度，在考核评价、职务晋升、岗位聘用、骨干选培等评选活动中坚决实行师德"一票否决制"。

学校还一直坚持"学生评教"制度。学生全员参评，通过网络对本学期所修读课程进行测评，从学生角度直接反馈教师教学态度、内容、方法、效果等以及学生的意见和建议，对于提高教学质量有着重要的作用。学院和专业每年根据反馈信息，指导帮助个别老师提高教学水平和教学质量。学校及学院组织参加工程教育认证慕课平台线上培训，教学院长、专业负责人、教学管理人员、主干课教师全部参加。

6.7　师德师风建设机制与做法

2017 年，学院成立"师德师风建设"工作领导小组，根据学校关于建立健全师德师风建设长效机制的工作要求，出台《辽宁大学环境学院教师职业道德规范》，围绕环境学科建设分别从以下三个方面贯彻落实。

6.7.1　结合互动，构建师德建设导向机制

主题教育与专题教育相结合，构筑师德建设平台。将以"社会主义核心价值观"为主题的理想信念教育与"院史与师德"专题教育相结合，把院史馆打造成展示核心价值观教育成果平台。老教师和新教师代际结合，实现师德薪火传承。师德典型与表彰活动相结合，宣传展示师德教育。建立师德典型专家库，通过校园媒体师德专栏、培训会、宣讲会等，宣传校内外师德先进典型。

6.7.2　多措并举，完善师德建设考核激励机制

建立师德档案制度，师德考核落地落实。采取教师自评、学生测评、同事互评、单位总评等方式，将师德考核结果存入师德档案，作为教师晋升、聘任和评优选先的依据。

完善教师评优制度，突出师德评价权重。落实师德第一标准，将师德表现作为评选"三育人"先进个人、优秀共产党员、教学名师、优秀辅导员等的首要条件。完善教学研究评价制度，激发师德养成的自觉性。

6.7.3　实时长效，强化师德建设监督约束机制

立足立德树人主业，强化师德监督约束制度建设。建章立制，规范教育教学过程行为，严查学术不端行为。常态监督与重大问题处置并重，强化师德监督平台建设。健全学生评教制度，逐渐形成实时评教系统。健全师德舆情快速反应制度，及时发现师德突发事件。"师德约谈"与"一票否决"相结合，完善师德失范惩处制度。对存在师德问题的教师及时约谈提醒，避免"小患成大疾"。实行师德失范"一票否决制"。

第 7 章

真实问题导向下的支撑条件体系建设

7.1 支撑条件体系建设中的真实问题

部分高校存在科研发展较缓慢，缺乏科研资金投入和实力雄厚的高级别重点实验室；科研领军人才少，缺乏中青年科研精英和视野开阔、学术底蕴深厚的科研骨干，特别是缺乏大师级学科带头人和具有交叉学科背景的复合型学科领军人才。因此，高校要提升科研水平，需要解决好科研平台、科研投入、科研人才等真实问题，这才能为学校的科研发展提供好的思路和基础，为国家和地方经济发展与社会进步提供智力和科技支撑，促进社会和经济的可持续发展。基于上述问题，辽宁大学环境科学与工程学科开展真实问题导向下的支撑条件体系建设探索与实践，以期从支撑条件体系建设角度，为具备良好身心素质、人文素养、创新意识、国际视野、社会责任感和职业道德等高素质应用型环境领域专业人才的培养提供有力支撑。

7.2 教室、实验室及设备等硬件条件建设

教学设施满足教学需要，是学校办学条件良好的重要指标之一。辽宁大学设有高校辅导员培训与研修基地、国家基础人才培养基地、教育部重点研究基地，有 4 个教育部国别和区域研究中心，2 个中国智库索引（CTTI）来源智库。辽宁大学是国家大学生文化素质教育基地，国家级深化创新创业教育改革示范高校，有 2 个国家级实验教学示范中心，8 个省级智库，13 个省级重点实验室，5 个省级工程技术研究中心，3 个省级工程实验室，3 个省级工程研究中心，9 个省级实验教学示范中心，2 个省级虚拟仿真实验教学中心。学校高度重视教学设施建设，教务处和研究生院等的管理机构专门负责教学设施的管理、维护、维修工作，确保教学设施正常使用和充分利用。

环境学院建有 1 个国家重点实验室的研究中心，2 个省级协同创新中心，3 个省级重

点实验室，1 个省级工程研究中心，1 个辽宁省大学生实践教育基地，1 个省级研究生培养基地，10 余个实习实践基地，2020 年入选生态环境部生态环境损害鉴定评估推荐机构。学院实验室平台综合实力雄厚，具有满足各层次人才培养所需的软硬件设施和工作条件。环境工程专业的实验教学主要由环境实验中心、化学实验中心和物理实验中心等提供支撑。实验室有完善的安全管理制度和风险防控措施，建立了良好的仪器设备管理、维护和更新机制。本专业与企业合作共建了长期稳定的实习和实训基地，能够满足学生参与工程实践的要求。

环境工程专业实验室主要服务于环境学院，专业实验设备主要面向环境监测、环境微生物学、水污染控制、大气污染控制、固体废物处理处置与资源化和物理性污染控制这六大领域。这些仪器设备可以很好地满足环境工程专业实验、毕业论文（设计）等实践教学环节的要求。学院定期对实验室教学用设备进行评估和评价，并结合下一学期的教学活动对实验室的设备进行更新。环境工程专业实验室主要设备及其服务课程情况扫描二维码可见。

环境工程专业实验室主要设备及其服务课程情况

总体而言，实验室所配置设备仪器完全能够满足环境工程专业所开实验课程、实验项目要求，设备性能稳定、维护到位、运行情况良好。环境工程专业在培养计划规定必修和选修课程中，取得较好效果，实验室的各项设备得到了较好的利用，共享程度高。

7.3 计算机、网络及图书资料等条件建设

学校具有丰富的计算机、网络及图书资源。学校计算机实验教学中心拥有 450 余台（套）计算机，全校范围具有百兆光纤网络和无线网络，能够满足学生对计算机及网络的需求。学校建有东北地区首家联合国认证的资料收藏图书馆，有丰富的纸质藏书和电子图书及各种数据库平台，可以满足学生的学习以及教师的日常教学和科研需求。

7.3.1 本专业学生对相关条件的基本要求

环境工程专业目标是培养具备环境工程基础理论和专业知识，深厚的科学及人文素养，技术全面，富于创新，能在污水处理和生态保护相关部门从事生态系统研究、水污染处理、运行管理等工作，并成为该领域的一流工程师和技术骨干的人才。在培养过程中，对专业理论的图书资源需求量较大，需要相应的计算机、网络等相关资源对实践教学进行支撑。计算机、网络和图书资料是学生学习的重要途径，学校对于资源的管理和共享越来越重视。一方面，学校加强对文献信息资源库的标准化、规范化和数字化建设以及资源共享和网络基础设施建设，校园计算机、网络及图书等资源充足，资源管理规

范，共享程度高，能够满足学生的学习以及教师的日常教学和科研所需；另一方面，利用图书馆的开放性，学校强化学生对图书馆资源的利用率，通过网络公开信息、培训等方式实现了师生同享资源，师生共用资源的良好运作。

7.3.2 计算机资源的基本情况

计算机实验教学中心目前拥有各类微型计算机 450 余台（套），配置先进，并在学校支持下，每年逐步更新，保证学生计算机使用的先进性。本专业在该实验室可完成"大学计算机（VB 程序设计）""大学计算机（应用基础）"等课程程序设计及创新活动。图书馆电子阅览室配台式机 30 台，开放时间为 8:00—21:00，学生可充分利用其查阅电子资源。总体而言，学校现有计算机资源可以满足专业的本科教学需求。

7.3.3 网络的基本情况

（1）校园网络平台

学校实现了校园有线网、无线网的全覆盖，以及校园有线网、无线网认证、计费和管理的一体化。目前，校园网接入信息点 40 000 余个，注册用户 30 000 余个。两个校区共建有 5 个核心机房、105 个布线间，建成新型数据中心 1 个。构建了公共数据共享服务平台，实现了学校信息资源的共享、集成和利用。

（2）基于网络的教学资源

学校构建了支撑全校信息系统和网站运行的系统运行支撑平台，包括服务器 200 多台，虚拟系统一套，为学校基于网络的教学资源平台和数据共享交换平台提供了稳定的运行支撑条件。学校在教学信息化建设方面不断加大建设力度，尤其在网络课程建设与应用和教育教学模式改革方面不断进行探索和建设，取得了一定成效，促进了教学资源有效利用。

（3）图书馆网络资源

图书馆无线网覆盖全馆，图书馆主页提供 24 小时服务。近年来，图书馆网络条件和自动化水平不断提升，大力加强了数字资源建设，先后引进 CNKI、SCIE、Elsevier、Springer等中外文数据库 67 个，其中中文数据库 41 个，外文数据库 26 个。馆藏中外文电子书约 6 700 万种，中外文电子期刊 3.91 万种。

7.3.4 图书资料的基本情况

辽宁大学图书馆建有崇山校区图书馆和蒲河校区图书馆两个馆舍，建筑面积共 37 470 m²。辽宁大学图书馆与全国高校图书馆进行资源的共建共享，提供文献传递、馆际互借等资源共享服务。图书馆拥有丰富的馆藏文献资源，涵盖自然科学和社会科学等各学科领域，为学校的教学和科研提供了信息保障。辽宁大学图书馆是"全国古籍重点保护单位"及"辽宁省古籍重点保护单位"，是教育部确定的《中华再造善本》收藏单位。2002 年被联合国出版部指定为联合国文件保存图书馆。截至 2020 年年底，图书馆馆藏总量达 790.35 万册，其中纸质图书 235.2 万册（包含中文古籍图书约 16 万册），纸质期刊合订本近 50 万册，电子图书约 505.16 万册。2020 年新增纸质书刊近 2.6 万册。

近年来，图书馆数字资源和自动化水平建设不断提升，先后引进 CNKI、万方、超星、维普、SCIE、Springer、Scifinder、EBSCO 等中外文数据库数十个，馆藏中外文电子书约 505.16 万余册，中外文电子期刊 71.1 万余册。图书馆为院系专业课嵌入文献检索课程讲座提供电子资源保障。网上文献资源 24 小时对外服务，读者可以根据需要通过校园网、各类数据库的移动客户端等方式随时随地查阅和下载所需文献。2020 年，辽宁大学读者电子资源访问量达 1 751.3 万余次，检索电子资源约 702.7 万次，下载电子资源 1 461.6 万余篇。

本专业学生从入校开始，学工、教务、班主任等以入学班会、学业指导会、师生交流会以及各课程任课老师教授等方式指导学生充分利用网络资源来查找图书资料、促进课程学习、完成学业规划等。各课程任课教师指定课程教学的教材和参考书，课程设计、实训以及毕业论文（设计）的指导教师给出参考书籍或参考论文清单，要求学生利用馆藏资源或网络资源完成查阅。以小班讨论课、读书报告、小论文、考查、考试等形式，检查文献查阅情况和学习效果。学生可利用校园网获取与课程教学相关的图书资源，如参考图书或期刊、教案、教学视频、实验指导等，进行自主学习。同时，图书馆每年都会举办一些针对文献查阅和新的数据库或软件使用的课程讲座，使得本专业学生在毕业论文（设计）阶段获益匪浅，从而能够熟练掌握文献查询技巧，完成开题报告，顺利完成毕业论文（设计），达到本科毕业要求。

7.3.5 相关资源对学生毕业要求达成的支撑

为了充分利用各类网络学习资源，学院要求教师在教学过程中充分引导学生使用各类资源，并在部分教学环节要求学生使用网络资源，使学生掌握现代化工具的使用，并通过自行查找文献资料分析、解决复杂工程问题。

1）在课堂教学环节，教师为学生提供 2 本以上的教学参考书及辅助的网络教育教学资源，鼓励学生针对不同的课程内容，参考不同的教材，同时鼓励学生利用不同学校的精品课程网站、国家精品视频公开课和国家精品资源共享课等资源，增强对教学内容的理解和掌握。

2）基础实验设立预习环节，学生需要根据实验内容和要求，提前利用网络及图书资源，加深对实验要求和实验内容的理解，并完成预习报告，从而通过过程式考核，促进学习目标和毕业要求的达成。

3）专业综合设计在指导教师的协助下，共同综合利用软硬件设计实验项目，因此需要学生充分利用所学知识、网络资源及图书资源，整合资源论证项目的可行性，并自行完成项目。

4）毕业论文（设计）开题需要学生查阅不少于 5 篇参考文献，并应尽量包含英文文献或电子器件有关英文资料，从而充分利用学校、学院提供的资源，促进学习目标和毕业要求的达成。

7.4 教学经费管理

本专业教学经费充足，满足课程建设、实验室建设、教改建设、学生科技创新支持及日常教学开支所需，学校对各项教学经费支出具有明确的审批制度，对各项经费具有明确的管理办法，确保了经费合理高效地用于本科生人才培养。

7.4.1 专业运行对教学经费的需求

专业运行需要一定的教学经费投入，教学经费主要包括：

1）本科生日常教学管理经费，主要用于办公、差旅、邮电、交通；

2）本科生实习实践费，主要用于毕业论文（设计）和生产实习、毕业实习；

3）专项经费，主要用于教职工培训经费、基础课程教学建设经费等；

4）实验室运行经费，主要用于实验室日常运行及耗材费用。

7.4.2 教学经费使用的相关制度、规定和标准

学校根据《辽宁大学预算管理办法》核定各教学单位预算经费，各教学单位依据自身管理情况，结合当年工作重点，自行确定各项目预算调整方案，报送财务处执行。教学单位预算经费核定方式如下：日常办公维持经费、教学管理运行经费、学生工作经费、就业经费及毕业论文（设计）经费由学校按照定额标准进行核拨；实验经费、实习经费、基础课程教改研究经费及职工培训经费等由各教学单位提出经费需求，教务处、国有资产管理处和人事处等相关业务主管部门审核评定后统一上报学校，学校核定后下拨。学校教学经费具有严格的审批制度和流程，其中对于课程建设、教改项目、职工培训及本科生实验等经费还出台了相应的管理办法，确保经费合理高效地用于教务管理和本科人才培养。

7.5　教师队伍建设的校（院）政策

学校制定了人才引进、人才培育、人才激励等一系列政策措施，引进、培养和稳定高学历、高素质的教师。学校支持教师的专业发展，每年择优选送中青年教师去国外知名大学或研究机构访问学习，开拓国际视野。学院选派有丰富教学经验的教授指导青年教师，以提高青年教师教学能力和水平。

7.5.1　学校在师资队伍建设方面的机制及措施

学校高度重视师资队伍建设，加强顶层设计，将高端人才引进培育和高水平师资队伍建设、年龄结构合理梯队建设等作为学校工作重点，通过系统化的师资队伍建设政策，强化立德树人根本任务，培养"四有"老师，打造一支具有高尚师德、精湛业务水平和创新能力的高水平、高素质教师队伍。

将高端人才引进和高水平师资队伍建设作为学校工作的重点，学校制定了《辽宁大学人才引进实施办法》《辽宁大学引进博士（博士后）实施办法（试行）》《关于我校人才引进工作的补充规定（试行）》一系列人才引进和培养政策，对师资水平的不断提高起到了重要作用。集聚高层次领军人才是学校师资队伍建设的突破口，青年英才培育是工作重点，全面优化各类人才职业发展环境。促进教师在教学过程、教学方法等方面不断探索，确保教学综合能力得到有效提升。鼓励教师赴产学研合作企业和政府部门挂职以及在企业博士后工作站开展工程实践，以提高教师的工程实践能力和师资队伍建设的内涵。同时，制定了《辽宁大学进一步深化本科教学改革　全面提高人才培养质量工作方案》《辽宁大学在线开放课程建设与应用管理办法》《辽宁大学本科实验教学优秀奖评选办法》和《辽宁大学本科优秀主讲教师评选办法》等师资队伍发展规划，学校鼓励每位教师积极参与教学改革研究，注重发挥团队成员的作用；通过在线开放课程建设，提升教师信息技术应用能力；学校设置了"本科实验教学优秀奖"和"本科优秀主讲教师"，以调动教师工作积极性和提升教学质量，进而提高人才培养质量。学院将教学改革研究纳入教学工作考核范围，将参与教学改革研究作为学校骨干教师评选的重要条件。在人才强校政策的指导下，本专业强化了本科教学的核心地位，逐步形成了年龄、学历、职称及学缘结构合理，对教学充满激情和敬业精神的教师队伍。同时，学校结合人才需求实际，制定了《关于办理高级专家延退手续的相关要求》等文件，通过多渠道、多手段加强师资队伍建设。

7.5.2　学院在师资队伍建设方面的举措及成效

学院秉承"引培并举、重在培养"的原则，在积极引进的基础上，着力强调师资引进与培养的质量与结构，师资队伍整体水平不断提升，结构日趋合理。人才引进方面：学院积极推进落实《辽宁大学人才引进实施办法》，积极参加教育部等部门组织的各类招聘宣讲会，2016—2020年学院引进高水平博士生12人。学院专任教师博士化率、具有一年以上海外访学经历的教师比例显著提升。高层次领军人才培育方面：学院坚持"重点培养、跟踪支持"的原则，充分利用国家及学校的相关人才支持政策，持续跟踪、加大培育与支持力度，学院入选高层次人才成效明显。潘一山教授获"全国创新争先奖"获得者、"万人计划"领军人才、"兴辽英才计划"杰出人才；宋有涛教授获国务院特殊津贴专家、"兴辽英才计划"科技创新领军人才、辽宁省优秀专家、辽宁省特聘教授、辽宁省"百千万人才工程"百层次人才。青年骨干教师培养方面：面向聘用在教学科研型和科研为主型教师岗位中具有较强学术潜力的青年教师以及拟引进的符合选拔条件的校外青年人才选拔优秀人才，也为国家、省部级各类青年拔尖人才支持计划培育优质候选人。包红旭教授获"兴辽英才计划"科技创新领军人才、辽宁省"百千万人才工程"百层次人才；于海波教授与布乃顺副教授荣获"兴辽英才计划"青年拔尖人才。同时，学院通过与企业合作聘请校外兼职导师，加强校外合作队伍建设，进一步提高本专业学生实习实践质量。

7.5.3　2016—2020年教师培训、进修深造和工程实践情况

学校为教师职业生涯的发展提供有力支持，鼓励青年教师通过岗前培训、赴国外知名大学留学进修、与企业合作和在职提升学历等方式提高其教学和科研水平。

1）教师岗前培训：为保证教学水平和效果，专业在新教师培养及其上岗授课方面形成了比较完善的制度，使新教师熟悉达成专业培养目标的方法和责任。新教师需要通过学院副院长和教学经验丰富的教授等组织的试讲考核后才能独自承担专业课程的讲授。学生对新教师授课的评价需及时反馈给学院和新教师，新教师遇到问题学院要及时安排教学经验丰富的教师帮扶，以提高新教师教学能力和水平。2016—2020年学院引进人才情况扫描二维码可见。

2016—2020 年学院引进
人才情况

2）教师进修深造：学校结合国家留学基金"青年骨干教师出国研修项目"，制定了《辽宁大学"青年骨干教师出国研修项目"实施方案》。积极择优资助青年教师出国研修，并通过专业技术职务聘任条件要求教师具有一年以上出国经历，引导、激励教师积极出国研修。针对拟派出骨干教师的研究方向和学术专长，学院与基层学术组织共同为其研

究定制发展目标、培养计划及考核办法，派他们到国外著名高校，师从一流学术大师研修学习，并在各项待遇政策层面给予全力支持。

3）教师工程实践能力的提升：本专业工程实践性较强，学院有相当一部分教师具有企业工作经历或到企业进行过培训。此外，为了进一步提高教师工程实践能力，派遣教师到企业或设计单位进行短期学习，提高工程实践能力，还通过实习环节，派教师到生产企业进行学习和参观，提高教师工程实践能力。

7.6　学校提供的基础设施建设

学校为学生创建了大学生创新创业实践训练基地和大学生创业孵化区，并建立了系列社会实践平台，为学生实践活动提供了有效支持。学校搭建多元的科技创新平台，面向全校各专业学生开放，依托学校实验实践教学平台，为学生科技创新能力培养提供一流的实验条件和平台。同时，学院也继续为学生优化创新基础实验室，提供竞赛培训，引导青年在日常学习中提升，在竞赛中进步。

7.6.1　对学生实践活动的支持设施

根据《辽宁大学环境学院社会实践管理办法（试行）》，本专业借助学校和学院优质社会实践基地，并结合自己的毕业实习平台，为学生提供系列的主题分明、特色突出的社会实践活动。学院坚持院团委重点组队与学生个人实践相结合的参加社会实践方式，努力扩大覆盖面，提升学生实践能力、全面素质和社会责任感。除学院团委组织重点团队开展暑期社会实践外，学生还可以利用假期自己联络社会机构参与调研、宣传等公益活动，去工厂、去农村、去更广阔的天地开拓视野。在日常开展的志愿服务活动中，学院注重引导广大学生积极投入社会，参与各类帮扶志愿活动。学校、学院两级提供勤工助学岗位给家庭经济困难的学生，让他们从勤奋工作中得到回报，以树立自信和提升实践能力。

7.6.2　对学生创新活动的支持设施

学校重视学生科技创新能力的培养，制定了《辽宁大学创新创业教育改革实施方案》《辽宁大学大学生创新创业扶持办法》和《辽宁大学大学生创新创业训练计划管理办法》，大力支持学生的各类实践活动和创新活动。在本专业培养计划中，鼓励学生毕业时参与规定的课外创新活动，对创新活动的内容、考核也提出相应要求。为激发学生的科研兴趣和创新思维，培养学生创新思维、动手实践能力和团队协作能力及团队精神，学校专门设立了大学生课外学术科研项目专项基金和大学生实践创新训练计划项目专项基金等，用于大学生科研立项，支持大学生课外创新实践活动的开展。2019—2021 年本专业学生参与的社会实践活动和科技创新活动情况扫描二维码可见。

2019—2021 年本专业学生
参与的社会实践活动情况

2019—2021 年本专业学生
参与的科技创新活动情况

第三篇 实践效果

　　通过真实问题导向下的"学科建设-人才培养"一体化办学模式理论探索与应用实践，辽宁大学环境科学与工程学科近年来硕果累累，取得了长足的发展：2015 年获批辽宁大学历史上首个国家重大科技专项，2016 年获批设立环境化学二级学科博士学位授权点，2018 年环境科学与工程一级学科博士学位授权点申报成功，2021 年环境工程获评国家一流专业建设点。辽宁大学环境科学与工程学科 2012 年在第三轮学科评估中全国仅排名前 60%；2019 年艾瑞深校友会排名进入全国前 22%；2020 年软科排名进入全国前 30%；2021 年软科环境科学与工程专业排名中，辽宁大学环境工程专业进入 B⁺（62/200），环境生态工程专业进入 B⁺（14/35），环境科学专业进入 B（53/118），取得了跨越式的发展。在人才培养方面，本学科已培养了 6 800 余名毕业生，涌现出如英国伯恩茅斯大学研究生院院长张甜甜、比利时布鲁塞尔自由大学环境系主任高悦、中国十大青年女科学家罗义、哈尔滨工业大学教授马放、援藏和国家水体污染控制与治理方面获得主管单位优秀共产党员称号的顾兆文和山丹、辽宁省生态环境厅厅长胡涛、辽宁省环保集团总经理牟维勇等一大批红专能优、德才兼备、理论素养和工程技术知识深厚、服务国家和地方经济绿色发展以及生态环境保护和生态文明建设的铁军。

第 8 章

真实问题导向下的学科建设成果

8.1 环境科学与工程学科建设概况

8.1.1 辽宁大学环境科学与工程学科的发展历史[*]

8.1.1.1 初创奠基时期（1977—1997 年）

1977 年，全国高校恢复招生。在辽宁省教委、省环境领导小组办公室的大力支持下，批准设立生物（环保）专业，成为全国最早一批创立的环保类专业，当年开始招收本科生。1978 年，更名为环境生物学专业，是全国最早一批创立的环境生物学专业。

1977 年，辽宁大学生物系只设置了微生物学一个专业，有 5 个教研室的教师没有教学任务，当时要恢复招生，就必须开设新专业。辽宁省是全国重工业基地，全省水体污染和大气污染也非常严重。有些地方，由于植被遭到严重破坏，造成水土流失，局部地区冲蚀沟竟深达 7~8 m。教师们认识到环境污染和资源破坏这两大问题，在辽宁省都十分突出。而要解决这两大环境问题，必须从多学科、多角度入手。其中，对环境污染的生物监测、生物评价、生物净化，对资源破坏的生物修复，都是不可缺少的手段，如能开设环境生物学专业，就可以为辽宁省培养出掌握与此相关的基本理论和基本技能的人才。

为慎重起见，系里决定派人到有关高校进行调研，在调研中受到很多启发，尤其在北京师范大学拜访刘培桐教授时，他认为在环境问题出现之后，首先参与解决环境问题的必然是一些有关的老学科，在解决环境问题时，这些老学科内部就会产生一些新的分支。刘培桐教授在当时是环境学界的带头人之一，他的分析使我们更坚定了开设环境生物学专业的信心。在调研中，我们也发现一些国家重点院校，如北京大学、南京大学生物系还没有开设环境生物学专业的意向，这使我们更意识到这是一个机遇，我们应争取先

---

[*] 本部分内容节选自《辽大故事（环境学院卷）》中蒋志学撰写的"全国第一个环境生物学专业的诞生"，略作修改。

把这个专业开起来。调研后，系内老师基本达成共识。接着就是去省教育厅计财处申报。

到省教育厅计财处去了 4 次，前 3 次主管处长没有同意，第 4 次去时才发现，没有同意的原因主要是担心毕业生不好分配。知道了不肯批的原因，就好对症下药。于是到省环境领导小组办公室（现在省生态环境厅前身）科技处说明申报环境生物学专业遇到的问题，请帮助协调。科技处主管处长同我们一起来到省教育厅计财处介绍全省对环境专业，包括对环境生物学专业人才的需求情况。这才使计财处主管处长心中有了底，然后批准可以招生。但批准招生的专业是"生物（环保）"，到 1978 年招生才改为环境生物学专业。

环境生物学专业正式招生了，老师们都很兴奋，纷纷投入到新专业的建设中。1978 年中国大百科全书出版社正式成立，并立即邀请全国专家、学者，按学科分类编写《中国大百科全书》。我们被邀请参加《环境科学卷》的"环境生物学"编写组，该编写组被邀请的专家、学者，分别隶属于中国科学院所属的 4 个研究机构、南京大学和我们辽宁大学。我们的系主任涂长晟教授还被聘为编写组副主编。辽宁大学有 7 位老师参加了条目的编写。1978 年，国务院环境保护领导小组办公室为提高部委和省市环保干部的素质，责成中国环境学会环境教育专业委员会组织培训班，对部委、省市环保干部进行培训，辽宁大学应邀参加了第一期到第九期培训班的授课任务。1980 年，中国环境学会环境教育专业委员会组织编写《环境保护概论》，这是为满足当时各高校环境专业和部委、省市环保干部培训的急需，而编写的我国第一版《环境保护概论》，我们应邀参加了其中一章的编写。1984 年，《环境科学丛刊》出版一辑"环境教育专辑"，邀请创办了环境专业的高校分别介绍各自创办环境专业的经验，辽宁大学应邀对创办环境生物学专业的经验作了介绍。经过参与上述一系列活动，在为社会做出一定贡献的同时，辽宁大学的学科建设也逐步走向成熟。

8.1.1.2 改革建设时期（1998—2010 年）

1998 年，学校进行学科专业调整，组建环境与生命科学学院，内设环境科学系和生命科学系。2006 年，环境科学系撤系建院，成立资源与环境学院。同年，获批环境科学与工程一级学科硕士学位授权点，环境学科建设进入全新发展阶段。经过 10 年的努力和建设，"环境人"不断地改革与尝试，学院日趋发展壮大。

没有亲身经历过的，不会体会到当初条件的艰苦：书记和副书记挤在一个狭小的办公室，办公桌的一个桌腿坏了，是用纸壳箱子垫起来的；没有一台好用的大型仪器；二十几名同学挤在一间仅有 10 台电脑的 25 m² 实验室里轮流上环境信息系统实验课……就是在这种条件下，大家依旧干劲十足，老师亲自带学生跑现场、去企业开展科学研究，完成毕业论文，培养了许多优秀人才。现在回想起来，当时的"环境人"完全是凭着一种对事业的热爱，对工作的责任感和使命感在工作，用执着与勤奋编织着自己的梦想。

"不经一番寒彻骨，怎得梅花扑鼻香"，终于在 2005 年以国家本科教学水平评估为契机，学院的办公及实验条件得到了极大的改善，2006 年获批了环境科学与工程一级硕士学位授权点，2007 年获批生态学二级硕士学位授权点，同年更名为环境学院，2010 年获批环境工程专业硕士学位授权点，开启了"环境人"追梦的新篇章。

更名以后的环境学院本科专业在原来 3 个的基础上发展为 4 个，包括环境科学、环境工程、生态学和环境生态工程；教师由原来的 17 名发展为现在的 63 名，获批了辽宁省科技厅水环境生物监测与水生态安全重点实验室、辽宁省高校污染控制与环境修复重点实验室，辽宁省水源保护区生态环境保护和民生安全协同创新中心、辽宁省村镇污水处理与资源化工程研究中心等省部级科研平台。亲身经历了环境学院由系到院的转型，体会到了环境学科由弱到强发展中的艰难与困苦，感受到了"环境人"自力更生、艰苦奋斗、甘于奉献、努力拼搏的精神，这种精神将激励着现在和未来的"环境人"向着更高更远的目标奋进。

8.1.1.3　快速发展时期（2011 年至今）

2011 年宋有涛担任环境学院院长，2017 年潘一山校长担任环境科学与工程学科带头人，开始了真实问题导向下的"学科建设-人才培养"一体化办学模式探索，学院发展进入高速发展的快车道。2011 年，获批生态学一级学科硕士学位授权点；2015 年，获批辽宁大学历史上首个国家重大科技专项课题，国拨经费 2 746.64 万元，地方配套 8 900 万元；2016 年，批准设立环境化学二级学科博士学位授权点；2018 年，环境科学与工程一级学科博士学位授权点申报成功，辽宁大学工科博士点实现零的突破；2020 年获得生态环境部生态环境损害鉴定评估推荐机构（全国仅 4 所大学获得）；2021 年，环境学科科研成果获得国家科技进步二等奖（排名第一位），辽宁大学作为综合性大学的创新驱动力得以提升。十年磨一剑，砺得梅花香。辽宁大学环境科学与工程学科 2012 年在第三轮学科评估中仅排名全国前 60%；2019 年艾瑞深校友会排名进入全国前 22%；2020 年软科排名进入全国前 30%；2021 年软科环境科学与工程专业排名中，辽宁大学环境工程专业进入 B$^+$（62/200），环境生态工程专业进入 B$^+$（14/35），环境科学专业进入 B（53/118），取得了跨越式的发展。

目前，本学科是东北地方高校中唯一博士点，紧密围绕国家和地方环保需求，源于生物、化学，发展中紧密联合经济、法律、管理，形成"源汇解析—经济决策—低碳技术—司法保障—智能管理"有机链条，具有鲜明的理工交融和文工渗透特色，形成以环境地质工程为龙头，流域综合治理为重点，环境生物学和环境化学均衡发展布局。

在人才培养方面，本学科以"明德精学，笃行致强"为宗旨，培养德才兼备，具有深厚理论素养和工程技术知识，具备国际化视野和创新创业能力，服务国家和地方经济绿色发展的复合型环保人才。本学科已培养了 6 800 余名毕业生，如英国伯恩茅斯大学研究生院院长张甜甜、中国十大青年女科学家罗义、哈尔滨工业大学教授马放、省生态环境厅厅长胡涛、省环保集团总经理牟维勇等。

8.1.2 近年来学科发展大事记

8.1.2.1 国家重大科技专项顺利结项

2019 年，辽宁大学承担的水体污染控制与治理科技重大专项——"太子河流域山区段河流生态修复与功能提升关键技术与工程示范"课题已顺利通过结题验收，验收采用合并技术、财务、档案验收程序，实施一次性综合绩效评价，加大了验收通过的难度，也对技术、财务、档案材料的准备工作提出了更高的要求，课题组夜以继日，认真筹备，不断完善任务材料、自评价报告、技术报告、标志性成果报告、指南、研究方案、成果汇编报告、档案材料、财务材料，该项目顺利通过验收答辩，实现了辽宁大学在工科国家重大科研项目方面的新突破。

8.1.2.2 获批辽宁大学第一个工科一级学科博士学位授权点

2018 年，环境科学与工程一级学科博士学位授权点获批，整合师资力量，设立环境力学工程、流域综合治理理论与技术、环境生物理论与技术、环境化学理论与技术、环境生态系统工程 5 个研究方向，其中环境生态系统工程为辽宁大学理工科振兴计划重点建设研究方向。以博士点获批带动学科建设、助力学科评估。

8.1.2.3 入选生态环境部生态环境损害鉴定评估推荐机构

本学科申报的生态环境损害鉴定评估机构资质入选生态环境部第三批推荐机构名录的第 1 名，并获污染物性质、地表水与沉积物环境损害、空气污染环境损害、生态系统环境损害以及其他环境损害等 5 个事项鉴定资质，极大地提升了该学科社会影响力。

8.1.2.4 打造"北方环境论坛"学术品牌

为了增大辽宁大学环境学科、辽宁省环境科学学术年会的社会影响力和服务地方能力，2016 年我们创建了"北方环境论坛"系列学术品牌。5 年来，先后以"东北振兴""流域治理""生态修复""创新驱动""环境健康"为主题，在大连市、葫芦岛市、本溪市、阜新市、沈阳市召开了五届"北方环境论坛"主题年会及系列会议，包括东北环境院（所）长论坛、资源枯竭型城市助力工程研讨会、新冠肺炎疫情医疗废物环境管理研讨会、中俄矿山开采岩石动力学国际高层论坛、草地生态与适应性管理国际学术研讨会等，促进区域重要环境问题研究。另外，我们与企业合作主办了首届东北亚（沈阳）

国际环保博览会（2016 年）、中加国际环保技术交流会（2017 年）、辽宁省国际环境与能源技术成果展（2019 年），提升本学科国内外影响力。

8.1.2.5　环境工程获批国家一流专业建设点

为主动应对新一轮科技革命与产业变革，教育部积极推进"新工科"建设。本学科的"新工科"人才培养充分利用学科带头人的国家级教学成果"校企协同培养应用创新型人才研究与实践"，坚持以本为本，坚持问题导向，把本科教育放在人才培养核心地位、教学发展前沿地位，满足"新工科"人才培养的要求。环境工程入选国家级一流本科专业建设点，既是对专业建设前期成果的肯定，也对专业后续的建设与发展提出了更高要求。

8.1.3　近 5 年科学研究概况

环境学院新增科技项目（纵向、横向）76 项，科研经费合计 1.45 亿元，其中国家重大科技专项、国家重点研发计划和国家自然科学基金等国家级项目共计 17 项，国拨经费共计 3 600 余万元。环境学院共发表学术论文 300 余篇，授权专利 220 余项，转化 17 项。获国家科技进步二等奖 1 项、全国创新争先奖 1 项、辽宁省自然科学奖 3 项、国家级学会奖 1 项。环境学院新增国家重点实验室联合研究中心 1 项、生态环境部生态环境损害鉴定评估推荐机构 1 项、辽宁省协同创新中心 1 项、市级科研平台 1 项、院士工作站 1 项。学院申报的生态环境损害鉴定评估机构资质入选生态环境部第三批推荐机构名录的第 1 名，并获污染物性质、地表水与沉积物环境损害、空气污染环境损害、生态系统环境损害以及其他环境损害等 5 个事项鉴定资质，极大地提升了学院学科社会影响力。同时积极与辽宁大学司法鉴定中心合作，继续推进环境损害司法鉴定机构资质的申报。双轨并进，服务地方经济社会发展。代表性科研成果见本书 8.3 节。

8.1.4　师资队伍

8.1.4.1　高层次人才引进与培养工作效果显著

师资队伍入选"兴辽英才计划"杰出人才 1 人、科技创新领军人才 1 人、青年拔尖人才 2 人，辽宁省"学术头雁"1 人，辽宁省"优秀专家"1 人，辽宁省特聘教授 2 人，辽宁省"百千万人才工程"百层次人才 2 人，沈阳市"最美工程师"1 人。建设刘文清院士工作站 1 项。聘任行业内知名专家学者任我院校外博/硕士研究生导师 18 人。

8.1.4.2　国际性人才培养成效明显

学院每年开展一次青年骨干教师出国研修项目遴选工作，"十三五"期间共派出张朝红教授、薛爽教授、梁雷教授、张学勇副教授、苏丹副教授等优秀教师到国外高水平大学进行研究、访问，并积极鼓励教师与国外著名院校和研究机构交流合作。

8.1.5 人才培养

8.1.5.1 本科生培养

1）专业布局和结构不断优化："十三五"期间调减本科专业 2 个，初步形成突出工科特色的本科培养专业体系。环境工程专业先后入选省一流本科专业和国家一流本科专业建设点。

2）教材建设与管理水平不断增强：环境学院教师自编的高水平、有特色的教材陆续出版，入选"十三五"国家级规划教材 2 部、省级 2 部、其他级别 8 部。

3）实验室建设及实践教学成果数量不断攀升：获省级和国家级大学生创新创业竞赛奖项 9 项、大学生创新创业计划项目 112 项。已完成辽宁大学"新工科"（环境工程模块）教学实验实训中心建设方案论证，并通过校长办公会，进入招标阶段，总预算 239.21 万元，补齐辽宁大学理工科实践教学短板。

4）文化素质教育内容不断丰富：进一步加强文化素质教育和校园文化氛围建设，精选名师大家开展文化素质教育讲座 5 场。

8.1.5.2 研究生培养

1）招生改革稳步推进，在校研究生规模不断扩大：环境学院完善了博士研究生招生考试命题和考试流程，对博士研究生考试基础课科目命题方式进一步完善，规范博士复试录取工作流程。在硕士研究生招生方面，完善了命题的审查环节，切实保证试题的安全性，实现了 5 年零差错。

2）学科布局不断优化，学位点数量大幅度增加：环境学院新增 1 个环境科学与工程一级学科博士学位授权点，实现辽宁大学工科博士学位授权点"零"的突破。截至 2020 年 12 月，环境学院共有 1 个一级学科博士学位授权点，6 个二级学科博士学位授权点，2 个一级学科硕士学位授权点，1 个专业学位硕士授权点。

3）课程体系建设成效显著，培养模式改革不断深化：不断深化研究生培养方案改革，全面修订了学术学位和专业学位研究生培养方案，根据学科发展和培养目标，科学设置课程体系，完善培养过程和学位论文等环节，推进学术型和应用型分类培养，学术学位研究生侧重理论研究和科研能力的培养，专业学位研究生侧重操作技能训练和实际应用能力的培养。获辽宁大学专业学位研究生优秀教学案例 2 项。

4）专业学位研究生实践教学进一步深化，校企联合培养强力推进：按照学校《关于做好专业学位研究生专业实践工作指导意见》《辽宁大学硕士专业学位研究生导师管理办法》等文件的要求，同辽宁省环境科学研究院等多家企事业单位、行政机关和科研机构合作建立研究生专业实践基地，同时在上述机构中选聘在相关领域具有丰富实务工作经验的专家作为实务导师参与教学活动，对研究生进行联合培养。

5）学术交流平台和科研创新平台建设取得成效：为拓宽研究生学术视野、激发创新意识、调动研究生科研积极性，"十三五"期间，共资助 12 名研究生参加由国内高校和科研院所举办的国际性或全国性高层次学术交流活动，促进研究生科研水平有效提升。获批国家重点实验室联合研究中心 1 个、省协同创新中心 1 个。

8.2　代表性教学成果

8.2.1　代表性教材论著

近年来，本学科教师出版教材和论著 35 种，其中 3 种入选普通高等教育"十三五""十四五"规划教材（表 8-1）。

表 8-1　代表性教材和论著

序号	第一作者	著作题目	出版单位	出版时间	类别
1	潘一山	煤矿冲击地压	科学出版社	2018 年	专著
2	潘一山	真实问题导向下的创新创业人才培养	辽宁大学出版社	2018 年	专著
3	潘一山	防治煤矿冲击地压细则解读	煤炭工业出版社	2019 年	专著
4	宋有涛	环境经济学	中国环境出版集团	2021 年	教材
5	宋有涛	疯牛病防治技术与政策比较研究	辽宁科学技术出版社	2013 年	专著
6	宋有涛	分子伴侣与蛋白质错误折叠	辽宁科学技术出版社	2012 年	专著
7	张国徽	环境污染治理设施运营研究	辽宁科学技术出版社	2012 年	专著
8	王俭	环境地理信息系统	中国环境出版社	2016 年	教材
9	马溪平	厌氧微生物学与污水处理	化学工业出版社	2017 年	专著
10	付保荣	辽河流域水生态系统状况调查与分析	中国环境出版社	2014 年	专著

注：所有代表性教材和论著扫描二维码可见。

代表性教材和论著

8.2.2 代表性教学成果奖

近年来，本学科教师获得各类教学成果奖 8 项（表 8-2），其中潘一山校长的"校企协同培养应用创新型人才研究与实践"获得国家级教学成果二等奖。

表 8-2 代表性教学成果奖

序号	成果级别	项目名称	获奖等级	获奖年度
1	国家级	校企协同培养应用创新型人才研究与实践	二等	2014 年
2	省级	真实问题导向下的创新创业教育体系建设研究与实践	一等	2018 年
3	省级	基于网络技术的交互式教学模式研究与实践	二等	2012 年
4	省级	以创新能力培养为主线的地方本科高校理工科应用型人才培养体系改革与实践	三等	2018 年
5	校级	应用研究型学习人才培养模式及其网站平台建设	一等	2020 年
6	校级	"新工科"背景下环境科学与工程类专业人才培养体系改革与实践	一等	2020 年
7	校级	基于国际工程教育专业认证理念的《环境工程微生物》混合教学模式改革与创新模式改革与创新	二等	2020 年
8	校级	基于成果导向教育（OBE）理念的"环境工程原理"课程体系构建	二等	2020 年

8.2.3 代表性教学项目

近年来，本学科教师申请获批教学项目 37 项，其中产教融通的"新工科"人才创新创业教育实践平台开发与保障、真实问题导向下"新工科"专业教师工程实践能力和教学水平提升策略与路径等 5 项为教育部立项（表 8-3）。

表 8-3 代表性教学项目

序号	项目名称	项目级别	主持人	立项时间
1	角色经营决策模拟游戏 GEEA 嵌入《环境经济学》教学研究与实践	国家级	宋有涛	2021 年
2	真实问题导向下环境类新工科人才培养体系构建与实践	国家级	布乃顺	2021 年
3	生态文明课程师资培训	国家级	张国徽	2021 年
4	产教融通的新工科人才创新创业教育实践平台开发与保障—教育部	国家级	潘一山	2020 年
5	真实问题导向下新工科专业教师工程实践能力和教学水平提升策略与路径	国家级	宋有涛	2020 年
6	面向生态产品价值实现和碳中和的生态系统生产总值（GEP）核算理论与实践研究	省级	宋有涛	2021 年
7	辽宁省普通高等学校校际教师交流、在线授课、干部挂职、跨校组织创新团队	省级	潘一山	2020 年
8	转型发展示范性环境工程领域工程人才创新培养模式建设研究与实践	省级	包红旭	2018 年

序号	项目名称	项目级别	主持人	立项时间
9	以学生为中心、以解决实际问题为导向的教学模式研究与实践	省级	王俭	2016 年
10	高校环境工程专业工程人才与科研院所、行业企业、实务部门协同培养人才体制机制研究与实践	省级	包红旭	2014 年

注：所有代表性教学项目扫描二维码可见。

代表性教学项目

8.3 代表性科研成果

8.3.1 代表性科研平台

近年来，本学科获批省市科研平台 10 个（表 8-4），包括与哈尔滨工业大学共建的城市水资源与水环境国家重点实验室流域综合治理技术研究中心。

表 8-4 代表性科研平台

序号	名 称	批准部门	批准时间
1	辽宁省水环境生物监测与水生态安全重点实验室 （辽宁省重点实验室）	辽宁省科技厅	2010 年
2	辽宁省高校污染控制与环境修复重点实验室 （辽宁省高校重点实验室）	辽宁省教育厅	2007 年
3	辽宁省水源保护区生态环境保护和民生安全协同创新中心 （辽宁省协同创新中心）	辽宁省教育厅	2015 年
4	辽宁省村镇污水处理与资源化工程研究中心 （辽宁省工程研究中心）	辽宁省发展和改革委员会	2009 年
5	城市水资源与水环境国家重点实验室流域综合治理技术研究中心（国家重点实验室研究中心，联合）	城市水资源与水环境 国家重点实验室	2015 年
6	水环境生物监测与水质安全实验室 （中央财政支持地方高校专项资金实验室，辽宁省）	财政部	2011 年
7	煤矿重大动力灾害防控协同创新中心 （辽宁省协同创新中心）	辽宁省教育厅	2015 年
8	辽宁省重点学科领域——资源与环境科学学科领域研究生培养基地 （辽宁省研究生培养基地）	辽宁省教育厅	2004 年
9	刘文清院士工作站 （基地）	辽宁省科学技术协会、 辽宁省环境科学学会	2019 年
10	沈阳市光催化材料重点实验室	沈阳市科技局	2019 年

8.3.2　代表性学术论文

近年来，本学科教师在 JACS、EST、环境科学等国内外学术期刊发表论文 300 余篇（表 8-5）。

表 8-5　代表性学术论文

序号	成果名称	主要完成人	发表刊物、检索种类、发表年度
1	Experiments and analysis on the influence of multiple closed cemented natural fractures on hydraulic fracture propagation in a tight sandstone reservoir	李玉伟（2T/8）/ 潘一山（3T/8）	Engineering Geology、SCI（一区）、2021
2	Construction of novel symmetric double Z-scheme $BiFeO_3/CuBi_2O_4/BaTiO_3$ photocatalyst with enhanced solar-light-driven photocatalytic performance for degradation of norfloxacin	张朝红（8T/9）	Applied Catalysis B: Environmental、SCI（一区）、2020
3	Fabrication of novel Z-scheme $SrTiO_3/MnFe_2O_4$ system with double-response activity for simultaneous microwave-induced and photocatalytic degradation of tetracycline and mechanism insight	张朝红（8T/9）	Chemical Engineering Journal、SCI（一区）、2020
4	Adsorption-degradation of polycyclic aromatic hydrocarbons in soil by immobilized mixed bacteria and its effect on microbial communities	苏　丹（2T/4）	Journal of Agricultural and Food Chemistry、SCI（一区）、2020
5	Fabrication of highly active Z-scheme Ag/g-C_3N_4-Ag-Ag_3PO_4（110）photocatalyst photocatalyst for visible light photocatalytic degradation of levofloxacin with simultaneous hydrogen production	宋有涛（9T/9）	Chemical Engineering Journal、SCI（一区）、2020
6	A strategy to lengthen the on-time of photochromic rhodamine spirolactam for super-resolution photoactivated localization microscopy	于海波（2T/8）	Journal of the American Chemical Society、SCI（一区）、2018
7	Analytic solutions of a reducible strain gradient elasticity model for solid cylinder with a cavity and its application in zonal failure	潘一山（2T/4）	Applied Mathematical Modelling、SCI（一区）、2019
8	Bimetal Cu and Pd decorated Z-scheme $NiGa_2O_4/BiVO_4$ photocatalyst for conversion of nitride and sulfide dyes to $(NH_4)_2SO_4$	宋有涛（6T/6）	Separation and Purification Technology、SCI（一区）、2020
9	Preparation of a coated Z-scheme and H-type $SrTiO_3/$（$BiFeO_3@ZnS$）composite photocatalyst and application in degradation of 2,4-dichlorophenol with simultaneous conversion of Cr（VI）	宋有涛（7T/7）	Separation and Purification Technology、SCI（一区）、2020
10	Evaluating responses of nitrification and denitrification to the co-selective pressure of divalent zinc and tetracycline based on resistance genes changes	王子超（1T/9）	Bioresource Technology、SCI（一区）、2020

序号	成果名称	主要完成人	发表刊物、检索种类、发表年度
11	Construction of coated Z-scheme Pd-BaZrO$_3$@WO$_3$ composite with enhanced sonocatalytic activity for diazinon degradation in aqueous solution	宋有涛（7T/7）	Science of the Total Environment、SCI（一区）、2019
12	A novel Z-scheme sonocatalyst system，Er^{3+}：Y$_3$Al$_5$O$_{12}$@Ni(Fe$_{0.05}$Ga$_{0.95}$)$_2$O$_4$Au-BiVO$_4$，and application in sonocatalytic degradation of sulfanilamide	宋有涛（8T/8）	Ultrasonics Sonochemistry、SCI（一区）、2018
13	NiS$_2$ as trapezoid conductive channel modified ternary Z-scheme photocatalyst system，NiGa$_2$O$_4$/NiS$_2$/WO$_3$，for highly photocatalytic simultaneous conversions of NO$_2^-$ and SO$_3^{2-}$	宋有涛（6T/6）	Chemical Engineering Journal、SCI（一区）、2018
14	Effect of dissolved organic matter fractions on photodegradation of phenanthrene in ice	薛　爽（1T/6）	Journal of Hazardous Materials、SCI（一区）、2018
15	Preparation of （5.0%）Er^{3+}：Y$_3$Al$_5$O$_{12}$/Pt-(TiO$_2$-Ta$_2$O$_5$) nanocatalysts and application in sonocatalytic decomposition of ametryn in aqueous solution	宋有涛（8T/8）	Ultrasonics Sonochemistry、SCI（一区）、2017
16	Microwave induced carbon nanotubes catalytic degradation of organic pollutants in aqueous solution	张朝红（5T/8）	Journal of Hazardous Materials、SCI（一区）、2016
17	煤与瓦斯突出、冲击地压复合动力灾害一体化研究	潘一山（1T/1）	煤炭学报、行业顶级中文期刊/EI 收录、2016
18	耐冷腐殖酸吸附态 PAHs 降解菌筛选及其降解特性	苏　丹（1T/4）	环境科学学报、行业顶级中文期刊、2017
19	互花米草入侵对长江口湿地土壤碳动态的影响	布乃顺（1T/9）	中国环境科学、行业顶级中文期刊、2018
20	几种有机物料对设施菜田土壤 Cd、Pb 生物有效性的影响	梁　雷（6T/6）	环境科学学报、行业顶级中文期刊、2016

注：所有代表性学术论文扫描二维码可见。

代表性学术论文

8.3.3　代表性授权专利

近年来，本学科教师申请授权国家专利 220 余项，转化 17 项（表 8-6）。

表 8-6　代表性授权专利

序号	成果名称	主要发明人	授权发明专利编号、授权时间
1	2-醛基罗丹明类衍生物的制备方法及其应用	于海波（1/7）	201810953297.1、2021
2	蛭石固定化耐低温降解多环芳烃混合菌颗粒及其制备方法和应用	苏　丹（1/4）	201810246689.4、2021
3	一种煤层注水降低冲击倾向性的注水配方及煤层注水效果的检测装置	徐连满（1/9）	201910899803.8、2021
4	一体化防治煤矿复合动力灾害的实验装置及方法	徐连满（1/6）	201910298753.8、2021
5	煤层水力割缝开采注液抽采一体化防治复合动力灾害方法	徐连满（1/3）	201910035544.4、2021
6	一种胡萝卜定量富硒的种植方法	铁　梅（1/4）	201710584266.9、2021
7	镍掺杂铁酸锰包覆硅酸镁复合催化剂及其制备方法和应用	张朝红（1/8）	201710872437.8、2021
8	半导体材料包覆铁酸盐复合催化剂及其制备方法和应用	张朝红（1/7）	201810762739.4、2021
9	对称反 Z 型光催化剂及其制备方法和应用	张朝红（1/8）	201811018611.3、2021
10	一种复合双 Z 型光催化剂 $BiFeO_3/CuBi_2O_4/BaTiO_3$ 及其制备方法和应用	张朝红（1/7）	201810763271.0、2021
11	一种适于城市景观水湖泊的蓝藻水华治理方法	陈忠林（1/13）	201810000739.0、2021
12	高效光催化降解壬基酚的 Ag/ZnO 催化剂及其制备方法和应用	庄晓虹（1/3）	201811342495.0、2021
13	一种快速测定冰相中蒽和芘含量的方法	薛　爽（1/4）	201810957879.7、2021
14	基于废弃钢渣的吸附剂及其制备方法和应用	包红旭（1/13）	201810465390.8、2021
15	用于废弃硼泥再利用的增塑糊及其制备方法和应用	黄金东（1/3）	201810926778.3、2021
16	一种快速吸能防冲抗底臌的巷道液压支架底梁	潘一山（1/4）	201510297543.9、2017
17	防冲巷道液压支架单元及液压支架	潘一山（1/5）	201910540497.9、2021
18	一种拉、压一体式冲击试验机	潘一山（1/5）	201410468121.9、2016
19	一种包覆的 ZH 型 $SrTiO_3/（BiFeO_3@ZnS）$ 光催化剂及其制备方法和应用	宋有涛（1/6）	201910540272.3、2021
20	一种光催化剂 $NiGa_2O_4/AQ/MoO_3$ 及其制备方法和应用	宋有涛（1/4）	201811545602.X、2021

注：所有代表性授权专利扫描二维码可见。

代表性授权专利

8.3.4　代表性科研项目

近年来，本学科教师获得国家科技重大专项、国家重点研发计划等科研项目 141 项（表 8-7），科研经费约为 1.6 亿元。

表 8-7　代表性科研项目

序号	项目来源	项目类型	项目（课题）名称	项目编号	负责人	起讫时间	合同经费/万元
1	国家科技重大专项	课题	太子河流域山区段河流生态修复与功能提升关键技术与工程示范	2015ZX0720 2012	宋有涛	201601—201912	2 746.64（配套 8 900）
2	国家重点研发计划	课题	深部开采复合煤岩动力灾害一体化防控技术	2017YFC080 4208	潘一山	201707—202012	197
3	国家科技重大专项	子课题	浑河流域沈抚段水生态建设与功能修复技术集成与工程示范	2014ZX0720 2011	宋有涛	201401—201612	150.09
4	国家科技重大专项	子课题	辽河流域水生态系统调查与特征分析	2009ZX0752 6006	付保荣	200901—201206	40
5	国家科技重大专项	子课题	北方农村水污染控制及水环境治理	2012ZX0720 200	马溪平	201201—201412	210
6	国家科技重大专项	子课题	基于水生态功能分区辽河流域水生态监测体系构建研究	2012ZX0750 5003	徐成斌	201205—201412	318
7	国家科技重大专项	子课题	太子河中游城区段河流生境改善与水质提升关键技术与示范（子课题）	2015ZX0720 2012	王俭	201409—201709	931
8	国家科技重大专项	子课题	大辽河河岸带生态系统结构特征与功能	2008ZX0752 60010203	马溪平	200901—201212	44
9	国家科技重大专项	子课题	太子河城区段中游河流水质提升与生境营造关键技术与示范	2015ZX0720 201202	王俭	201601—201912	932.03
10	国家科技重大专项	子课题	太子河山区段上游河流脆弱生境维持与生物多样性保护关键技术与示范	2015ZX0720 201201	宋有涛	201601—201912	692.68
11	国家科技重大专项	子课题	太子河流域山区段生态建设与管理平台构建及业务化运行	2015ZX0720 201203	付保荣	201601—201912	489.1
12	国家重点研发计划	子课题	场地土壤污染损害实物量化和修复技术及方案筛选	YFC1801205 03	布乃顺	201812—202211	54.6
13	国家重点研发计划	子课题	大气环境管理经济政策的理论与方法研究	2018YFC021 3700	任婧	201807—202006	18
14	国家自然科学基金	联合项目	冲击地压矿井自适应防冲巷道液压支架设计理论与方法研究	U1908222	潘一山	202001—202312	256
15	国家自然科学基金	面上	Ssa1p 调控酵母朊病毒［PSI+］聚集的特异性机制研究	31570154	宋有涛	201601—201912	86

序号	项目来源	项目类型	项目（课题）名称	项目编号	负责人	起讫时间	合同经费/万元
16	平顶山天安煤业股份有限公司	横向项目	平顶山井群深部复合动力灾害危险性评估及联合防治技术研究	无	潘一山	201701—202012	300
17	沈阳焦煤股份有限公司红阳三矿	横向项目	红阳三矿冲击地压监测预警新技术研发	无	潘一山	201801—202012	290
18	双鸭山矿业集团	横向项目	双鸭山东保卫矿急倾斜特厚坚硬顶板冲击地压分级防治技术	无	潘一山	201601—201812	160
19	大同煤矿集团有限责任公司	横向项目	大同矿区动力灾害高频微震无线地面台站监测系统研究	无	潘一山	201901—202012	116
20	沈阳市科技局	横向项目	沈阳市光催化功能材料重点实验室	无	宋有涛	201812—202112	100

注：所有代表性科研项目扫描二维码可见。

代表性科研项目

8.3.5 代表性科技奖励

近年来，本学科教师获得国家、省、市等科研奖励 20 余项，其中潘一山教授的"深部煤矿冲击地压巷道防冲吸能支护关键技术与装备""煤与瓦斯突出矿井深部动力灾害一体化预测与防治关键技术""煤矿冲击地压预测与防治成套技术"获得国家科技进步二等奖。本专业教师获奖情况，扫描二维码可见。

本专业教师获奖情况表

8.4　代表性思想政治教育成果

8.4.1　课程思政改革助推学科建设

环境工程获批国家一流专业，工程力学、环境学概论、环境信息系统获批省一流课程。院书记王铁英获教育部高校思想政治工作专项，教师获省级思政教育立项 7 项，所有 24 门专业必修课程获校（院）课程思政立项，已形成 22 项成果。"生态文明"课程特邀原辽宁省环境保护厅党组书记朱京海主讲，得到生态环境部领导好评，并列入通识教育试点。

8.4.2　社会实践开展亮点突出

获评共青团中央全国千乡万村环保科普行动优秀小分队 2 支、"线上三下乡、扶贫我先行"活动新媒体之星 1 人、中国大学生自强之星提名奖 1 人；获"大学生在行动"全国十佳环保志愿者 1 人、全国百名优秀生态环境讲解员 1 人；获省大学生创新创业大赛金银铜奖 42 项。研究生包毅等 3 人赴新疆支教，获评省教育年度人物。院团委被评为省抗疫先进服务站，12 名学生被评为社区疫情防控优秀志愿者。

8.4.3　意识形态阵地管理得到省教育厅领导肯定

依托"环境学院微辅导工作室"开展的意识形态管理创新做法，得到省教育厅领导的高度评价。环境生态工程团支部获全国高校践行社会主义核心价值观示范团支部，获评省高校活力团支部 1 个、省优秀班级 1 个，市先进团支部 1 个；获评省优秀毕业生 6 人，省大学生优秀党员 1 人，市优秀团学干部 1 人、市优秀共青团员 1 人等。

8.4.4　基层党建成绩显著

学科所在单位获省思想政治工作先进单位，院基层党组织被评为省校园先锋示范岗（集体）、省级党支部规范化建设示范点、省新时代党建工作样板支部。学生党支部获省高校基层党支部规范化建设示范点、市委教科系统党支部规范化建设示范点，其中获得首批全省党建工作样板支部事迹，在省高校党建公众号被专题报道。

8.4.5　思政队伍素质能力提升

院团书记刘巍入选全国高校辅导员年度人物，霍丹入选省高校辅导员年度人物并入围全国评选。专任教师潘一山荣获全国创新争先奖，宋有涛被《共产党员》以"绿水青山筑梦人"专题报道、获市最美工程师，张国徽获全国科协先进工作者。毕业生顾兆文、山丹积极参与援藏和国家水体污染控制与治理，并获优秀共产党员称号。

第9章

真实问题导向下的人才培养成果

9.1 代表性优秀学生

近年来，本学科学生在党建思政获奖、学术成果与获奖、学科竞赛获奖以及实践与创业成果等方面取得了显著成绩。2016—2021 年代表性优秀学生见表 9-1。

表 9-1　2016—2021 年代表性优秀学生

序号	姓名（入学时间，学位类型，学习方式）	成果类别	获得时间	成果简介	学生参与情况
1	李灌澍（201409，学术学位博士，全日制）	学术成果与获奖	202001	*Ultrasonics Sonochemistry* SCI 一区期刊发表论文 1 篇	第一作者
		学术成果与获奖	201701	*Ultrasonics Sonochemistry* SCI 一区期刊发表论文 1 篇	第一作者
		实践与创业成果	201910	创业大辽生态环境有限公司，被省环境科学学会评为"2019 年最具潜力的大学生创业企业"	法人/股东
2	李谷丽（201409，学术学位硕士，全日制）	学术成果与获奖	201710	*Sensors and Actuators B: Chemical* SCI 一区期刊发表论文 1 篇	第二作者（导师为第一作者）
		学术成果与获奖	201610	*Dyes and Pigments* SCI 二区期刊发表论文 1 篇	第二作者（导师为第一作者）
		学术成果与获奖	202011	授权发明专利（201810954291.6）1 项	第二发明人（导师为第一发明人）
3	白洁（201909，学术学位博士，全日制）	学术成果与获奖	202002	*Journal of Environmental Science and Health Part A: Toxic/Hazardous Substances and Environmental Engineering* SCI 三区期刊发表论文 1 篇	第一作者

序号	姓名（入学时间，学位类型，学习方式）	成果类别	获得时间	成果简介	学生参与情况
3		学术成果与获奖	202002	*Journal of Environmental Science and Health，Part B：Pesticides Food Contaminants and Agricultural Wastes* SCI 三区期刊发表论文 1 篇，该成果获省科技进步三等奖（7/12）	第一作者
		实践与创业成果	201909	中国环境科学学会科学技术年会两岸环保高层论坛优秀服务奖	团队负责人
4	张润洁（201909，学术学位博士，全日制）	学科竞赛获奖	202006	2020 年辽宁省"互联网+"创新创业大赛银奖	团队负责人
		学术成果与获奖	202010	《矿山土壤基质改良及先锋植物抚育模拟装置研发》获中国环境科学学会区域生态环境发展研讨会学术成果一等奖	唯一获奖人
		美育与劳动教育成果	201910	中国环境科学学会千乡万村科普行动大学生志愿者	唯一获奖人
5	陈静（201309，学术学位硕士，全日制）	学术成果与获奖	201606	*Journal of Hazardous Materials* SCI 一区发表论文 1 篇	第一作者
		党建思政获奖	201606	辽宁大学优秀研究生干部	唯一获奖人
		美育与劳动教育成果	201903	中国环境科学学会千乡万村科普行动大学生志愿者	唯一获奖人
6	霍春岩（201309，学术学位硕士，全日制）	学术成果与获奖	201607	*Environmental science & technology* SCI 一区期刊发表论文 1 篇	第一作者
		学术成果与获奖	201610	论文 *Phthalate Esters in Indoor Window Films in a Northeastern Chinese Urban Center* 获辽宁省环境科学学会科技成果特等奖	第一获奖人
		美育与劳动教育成果	201603	中国环境科学学会千乡万村科普行动大学生志愿者	唯一获奖人
7	包毅（201409，学术学位硕士，全日制）	党建思政获奖	201504	辽宁省教育年度人物	唯一获奖人
		美育与劳动教育成果	201603	全国大学生第二届短剧小品大赛优秀奖	第一作者
		党建思政获奖	201610	辽宁省优秀学生干部	唯一获奖人
8	王依滴（201409，学术学位硕士，全日制）	学术成果与获奖	201706	*Chemical Engineering Journal* SCI 一区期刊发表论文 1 篇	第一作者
		学术成果与获奖	201703	*Journal of Industrial and Engineering Chemistry* SCI 一区期刊发表论文 1 篇	第一作者
		党建思政获奖	201610	辽宁省优秀毕业生	唯一获奖人

序号	姓名（入学时间，学位类型，学习方式）	成果类别	获得时间	成果简介	学生参与情况
9	刘冠宏（201509，专业学位硕士，全日制）	学术成果与获奖	201903	*Microchemical Journal* SCI 二区期刊发表论文 1 篇	第一作者
		学术成果与获奖	201812	*Journal of Physics and Chemistry of Solids* SCI 期刊发表论文 1 篇	第一作者
		党建思政获奖	201810	辽宁省优秀毕业生	唯一获奖人
10	唐建华（201509，学术学位硕士，全日制）	学术成果与获奖	201802	*Chemical Engineering Journal* SCI 一区期刊发表论文 1 篇	第一作者
		学术成果与获奖	201905	授权发明专利（201710872407.7）1 项	第二发明人（导师为第一发明人）
		美育与劳动教育成果	201903	中国环境科学学会千乡万村科普行动大学生志愿者	唯一获奖人
11	马雪（201609，专业学位硕士，全日制）	学术成果与获奖	201810	*Chemical Engineering Journal* SCI 一区期刊发表论文 1 篇	第一作者
		学术成果与获奖	201810	*Journal of Industrial and Engineering Chemistry* SCI 二区期刊发表论文 1 篇	第一作者
		学术成果与获奖	201911	辽宁省自然科学学术成果一等奖	第二完成人（导师为第一完成人）
12	王京（201609，学术学位硕士，全日制）	学术成果与获奖	201903	*International Journal of Hydrogen Energy* SCI 二区期刊发表论文 1 篇	第一作者
		学术成果与获奖	201906	*Molecular Catalysis* SCI 二区期刊发表论文 1 篇	第二作者（导师为第一作者）
		党建思政获奖	201810	2019 年辽宁大学"百佳团支书"	唯一获奖人
13	王茹雪（201609，学术学位硕士，全日制）	学术成果与获奖	201910	*Journal of Hazardous Materials* SCI 一区期刊发表论文 1 篇	第一作者
		学术成果与获奖	201811	申请发明专利（201810763271.0）1 项	第二发明人（导师为第一发明人）
		党建思政获奖	201905	辽宁大学优秀研究生	唯一获奖人
14	张星圆（201709，学术学位硕士，全日制）	学术成果与获奖	202004	*Applied Catalysis B: Environmental* SCI 一区期刊发表论文 1 篇	第一作者
		学术成果与获奖	202005	申请发明专利（202010093073.5）1 项	第二发明人（导师为第一发明人）
		优秀学位论文	202006	辽宁大学优秀硕士论文一等奖	唯一获奖人
15	王璇（201709，学术学位硕士，全日制）	学术成果与获奖	202006	*Chemical Engineering Journal* SCI 一区期刊发表论文 1 篇	第一作者
		党建思政获奖	201910	辽宁省优秀毕业生	唯一获奖人
		党建思政获奖	201909	沈阳市优秀研究生干部	唯一获奖人

序号	姓名（入学时间，学位类型，学习方式）	成果类别	获得时间	成果简介	学生参与情况
16	王鑫壹（201709，学术学位硕士，全日制）	学术成果与获奖	202003	*Environment International* SCI 一区期刊发表论文 1 篇	第一作者
		学术成果与获奖	201909	*Environmental Science and Pollution Research* SCI 期刊发表论文 1 篇	第一作者
		学术成果与获奖	202001	*International Journal of Phytoremediation* SCI 期刊发表论文 1 篇	第一作者
17	袁胜煜（201909，专业学位硕士，全日制）	学术成果与获奖	202008	*Bioresource Technology* SCI 一区期刊发表论文 1 篇	第二作者（导师为第一作者）
		学术成果与获奖	202012	*Journal of Environmental Chemical Engineering* SCI 二区期刊发表论文 1 篇	第二作者（导师为第一作者）
		其他	202010	国家奖学金	唯一获奖人
18	李明阳（201309，学士学位，全日制）	党建思政获奖	201310-201706	获"全国社会主义核心价值观示范团支部""全国活力团支部""辽宁省活力团支部"	负责人（团支部书记）
		学科竞赛获奖	201506	挑战杯竞赛：获辽宁省赛特等奖	第一获奖人
		美育与劳动教育成果	201411	被环境保护部授予"环境友好使者"称号	唯一获奖人
19	乔子茹（201409，学士学位，全日制）	党建思政获奖	201709	获共青团中央颁发的"社会主义核心价值观先进个人"称号暨电信奖学金	唯一获奖人
		实践与创业成果	201611	获"创青春"全国大学生创业竞赛铜奖	排名 1
		美育与劳动教育成果	201606	获中华环保基金会颁发"优秀志愿者"	唯一获奖人
20	刘继泽（201809，学术学位硕士，全日制）	学术成果与获奖	201908	*Journal of Power Sources* SCI 一区期刊发表论文 1 篇	第二作者（导师为第一作者）
		学术成果与获奖	202006	申请发明专利（202010199804.4）1 项	第二发明人（导师为第一发明人）
		其他	201809	国家奖学金	唯一获奖人

9.2　代表性优秀毕业生

代表性优秀毕业生详见表 9-2。

表9-2　代表性优秀毕业生

序号	姓名（年龄，学位类型，学习方式）	毕业年度	学位授予单位及学科/专业			工作单位（所在地，单位类型）及行政级别/专业技术职务	毕业生简介
			学士	硕士	博士		
1	孟玲玲（41岁）（学术学位硕士，全日制）	2005	辽宁大学环境科学	辽宁大学环境科学	无	西藏自治区生态环境厅环境监测站（西藏），党政及部队机关），副高	扎根西藏16年，从事辐射环境监测工作，两次获国务院全国污染源普查先进个人；获环保部全国优秀环境质量报告书三等奖1次；参加日本"3·11"核事故应急工作，被环保部评为先进个人
2	张宝生（43岁）（学术学位硕士，全日制）	2005	辽宁大学环境学	辽宁大学环境科学	无	辽宁省生态环境厅大气环境与应对气候变化处（辽宁省，县处级党政及部队机关），正职	援藏干部，2016—2017年任西藏那曲地区保局副局长，被评为那曲地区先进工作者。历任抚顺市环境科学研究院工程师，辽宁省环境监测实验中心副主任，省环保厅项目管理处副处长等
3	王颖（38岁）（学士学位，全日制）	2005	辽宁大学环境科学	沈阳农业大学植物营养学	沈阳农业大学植物营养学	辽宁省农业发展服务中心（辽宁省，其他事业单位），正高	教授级高级工程师。辽宁省"百千万人才工程"百人层次。获得农业部农牧渔业贡献一等奖1项、省科技进步二等奖2项、省农业贡献一等奖3项。发表论文20余篇，发明专利5项，编写著作5本
4	李垒（40岁）（学术学位硕士，全日制）	2006	辽宁大学环境科学	中科院生态环境研究中心		北京市水科学技术研究院（北京，教育科研单位），正高	研究员。北京市环境损伤司法鉴定专家库评价专家库成员，河海大学、北京交通大学等研究生导师。获环保部科技进步二等奖1项、大禹水利科技三等奖1项、发表学术论文50余篇、专利10项，出版著作1部
5	耿兵（41岁）（学术学位硕士，全日制）	2006	辽宁大学环境科学	南开大学环境科学与工程		中国农业科学院农业环境与可持续发展研究所（北京，教育科研单位），正高	教授级高级工程师。环境修复研究室主任。主持国家水体污染控制与治理科技重大专项课题1项，子课题2项、国家自然科学基金2项，获得省部级科技奖励3项，发表SCI、EI等论文30余篇

序号	姓名（年龄，学位类型，学习方式）	毕业年度	学位授予单位及学科/专业			工作单位（所在地、单位类型）及行政级别/专业技术职务	毕业生简介
			学士	硕士	博士		
6	董殿波（39岁）（学术学位硕士，全日制）	2006	辽宁大学环境科学	辽宁大学环境科学	中科院生态应用研究所 生态学	辽宁省环境科学研究院（辽宁省，其他事业单位，正高）	教授级高级工程师。曾获得中国科学院"未季月华优秀博士"。获得辽宁省科技进步三等奖1项，主持省部级项目5项，发表SCI、EI等论文20余篇
7	曹向宇（40岁）（学术学位硕士，全日制）	2006	辽宁大学生物技术	辽宁大学环境科学	沈阳农业大学 食品科学	辽宁大学（辽宁省，教育科研单位），生命科学院副院长（县处级副职），正高	教授，博士生导师，辽宁省高等学校优秀人才、省农业领域创新人才，沈阳市拔尖人才。主持国家自然基金3项、省市科研项目10项，获专利8项。发表SCI论文80余篇，一等奖1项、二等奖1项
8	汪林（41岁）（学术学位硕士，全日制）	2006	辽宁大学环境科学专业	辽宁大学环境科学	大连海事大学 环境科学	大连大学（辽宁省，教育科研单位），副高	副教授，环评工程师。承担省部级科研课题20余项，获省科技进步二等奖1项。在岗创业成立辽宁华电环保科技有限公司，从事污泥处理、环境咨询等业务
9	曾安（35岁）（学士学位，全日制）	2006	辽宁大学生物科学与技术专业	中国科学院上海生命科学研究院	中国科学院上海生命科学研究院	中国科学院上海生命科学研究院（上海，教育科研单位），正高	研究员，博士生导师。以第一作者身份在 Cell 期刊发表论文，首次揭示了组织干细胞参与涡虫再生的表观遗传学调控机理以及涡虫无限再生能力的细胞起源。曾获得中国科学院院长优秀奖
10	张国徽（49岁）（学术学位硕士，全日制）	2007	北京工业大学计算机科学与技术	辽宁大学环境科学	无	辽宁大学（辽宁省，教育科研单位），正高	教授级高级工程师。辽宁省环境科学学会人/副理事长、国家环境科学学会理事、省科学技术协会常委、中国科协九大代表。主持省部级课题10余项，出版学术专著5部。《环境保护与循环经济》（主编）
11	纪靓靓（38岁）（学术学位硕士，全日制）	2007	辽宁大学环境科学	辽宁大学环境科学	南京大学环境学院环境科学专业	河海大学（江苏省，教育科研单位），副高	副教授。主持国家自然科学基金等项目10项，发表SCI论文10余篇，出版专著2部，授权专利3项。《水环境中污染物的界面化学过程及机制》获教育部自然科学奖一等奖

序号	姓名（年龄、学位类型、学习方式）	毕业年度	学位授予单位及学科/专业			工作单位（所在地、单位类型）及行政级别/专业技术职务	毕业生简介
			学士	硕士	博士		
12	刘巍（42岁）（学术学位硕士、全日制）	2008	辽宁大学环境科学	辽宁大学环境科学	无	辽宁大学（辽宁省、教育科研单位）、县处级副职	教授。现任化学化工学院党委副书记兼副院长，曾任环境科学院担任辅导员、团总支书记。全国高校辅导员年度人物，全国"十二五"环保科普工作先进个人，培养出全国近进班集体、全国高校最具影响力社团等
13	张慧瑾（35岁）（学术学位硕士、全日制）	2008	辽宁大学环境科学	University of Idaho, Environmental Science	University of Idaho, Environmental Science	爱达荷国家实验室（Idaho National Laboratory）（美国、其他类型单位）、其他	研究科学家（Research Scientist），美国认证环境研专家。从事工业废水及核废料中重金属分离技术研究，发表 SCI 论文 5 篇
14	孟雪莲（42岁）（学术学位硕士、全日制）	2005	辽宁大学环境科学	辽宁大学环境科学	沈阳药科大学药理学	辽宁大学（辽宁省、教育科研单位）、正高	沈阳市高层次人才拔尖人才，主持国家自然科学基金 1 项、省部级科研项目 7 项；近年来发表学术论文 30 余篇（其中 SCI 论文 12 篇，EI 论文 2 篇），获批国家专利 7 项，参编著作 2 部。连续 2 次被评为辽宁大学优秀青年教师，获得辽宁省自然学术成果奖 4 项
15	李超（34岁）（学士学位、全日制）	2011	辽宁大学环境工程	无	无	贵州科正环安检测技术有限公司（贵州省、民营及其他企业）、其他	毕业后应国家号召，到艰苦地区——贵州创业。历经 10 年，现创立投资超 1 500 万元的第三方环境检测咨询、环保运维、科研课题研究于一体的综合性民营机构，目前单位人员 60 人，年营业额 800 万元
16	陈仕意（32岁）（学士学位、全日制）	2012	辽宁大学环境工程	北京大学环境科学	无	北京大学（北京、教育科研单位）	工程师。主持或参与科技部 973/863 课题、环保部公益项目等 6 项。获得发明专利 8 项，共发表 SCI 论文 20 余篇，是国家首批黄大年式教师团队成员，获得环境模拟与污染控制国家重点实验室先进个人和钱学森青年创新人才等称号

序号	姓名（年龄，学位类型，学习方式）	毕业年度	学位授予单位及学科/专业			工作单位（所在地、单位类型）及行政级别/专业技术职务	毕业生简介
			学士	硕士	博士		
17	加娜尔·古丽·加铁力（32岁）（学术学位硕士，全日制）	2014	辽宁大学环境科学	辽宁大学环境科学	无	新疆维吾尔自治区阜康市委巡察组（新疆维吾尔自治区，党政及部队机关），其他	毕业后响应国家号召，考取新疆维吾尔自治区选调生到南疆基层工作，曾担任克州阿克陶县奥依塔克镇副镇长（其间挂任昌吉州阜康市九运街镇党委副书记一职），2018年到昌吉州阜康市委巡察组工作
18	李晓明（30岁）（学术学位硕士，全日制）	2015	辽宁大学环境科学	辽宁大学环境科学	无	沈阳金石英才教育集团（辽宁省，民营及其他企业），其他	毕业后放弃被辽宁大学校机关录取的机会，与同学兼爱人合伙创业教育培训。营业额从2015年的80万元、2016年的140万元、发展到2017年的212万元。2018年成立金石英才教育后营业额达到350万元，2020年达到600万元

9.3 代表性学术成果

代表性学术成果详见表 9-3。

表 9-3 代表性学术成果

序号	成果类型	成果名称	学生	级别	时间
1	论文	Always-on and water-soluble rhodamine amide designed by positive charge effect and application in mitochondrion-targetable imaging of living cells	宋洋	SCI-1 区	2019 年
2	论文	Evaluating responses of nitrification and denitrification to the co-selective pressure of divalent zinc and tetracycline based on resistance genes changes	袁胜煜	SCI-1 区	2020 年
3	论文	Effect of dissolved organic matter fractions on photodegradation of phenanthrene in ice	孙吉俊	SCI-1 区	2019 年
4	论文	Construction of novel Z-scheme $Ag/ZnFe_2O_4/Ag/BiTa_{1-x}V_xO_4$ system with enhanced electron transfer capacity for visible light photocatalytic degradation of sulfanilamide	王茹雪	SCI-1 区	2019 年
5	论文	NiS_2 as trapezoid conductive channel modified ternary Z-scheme photocatalyst system，$NiGa_2O_4/NiS_2/WO_3$，for highly photocatalytic simultaneous conversions of NO_2^- and SO_3^{2-}	马雪	SCI-1 区	2019 年
6	论文	Microwave hydrothermal-assisted preparation of novel spinel-$NiFe_2O_4$/natural mineral composites as microwave catalysts for degradation of aquatic organic pollutants	富璐	SCI-1 区	2018 年
7	论文	Effects of imidazolium-based ionic liquids with different anions on wheat seedlings	周倩	SCI-1 区	2018 年
8	论文	A neutral pH probe of rhodamine derivatives inspired by effect of hydrogen bond on pKa and its organelle-targetable fluorescent imaging	李谷丽	SCI-1 区	2017 年
9	论文	Investigation on interaction of DNA and several cationic surfactants with different head groups by spectroscopy，gel electrophoresis and viscosity technologies	郭庆	SCI-1 区	2017 年
10	论文	Microwave-induced carbon nanotubes catalytic degradation of organic pollutants in aqueous solution	陈静	SCI-1 区	2016 年
11	专利	一种磷矿粉——磷酸盐复合含磷钝化剂及其制备方法和应用	刘敏	授权专利	2019 年
12	专利	一种改性淀粉/聚胺复合物及其制备方法和在降低石材加工废水浊度应用	宋泽斌	授权专利	2019 年
13	专利	一种适用于人工湿地中处理含抗生素废水的方法	梁文慧	授权专利	2019 年
14	专利	一种 $ZnMnO_3$ 纳米材料的制备及应用	徐晓红	授权专利	2019 年

序号	成果类型	成果名称	学生	级别	时间
15	专利	双 Z 型单异质结 $CuO/WO_3/CdS$ 光催化剂及其制备方法和应用	王迪	授权专利	2019 年

注：所有代表性学术成果扫描二维码可见。

代表性学术成果

9.4　代表性竞赛成果

代表性竞赛成果详见表 9-4。

表 9-4　代表性竞赛成果

序号	成果名称	奖项名称	获奖等级	组织单位	时间
1	低碳空间规划与可持续发展——基于沈阳居民碳排放调查的研究	第十二届"挑战杯"辽宁省大学生课外学术科技作品竞赛	特等奖	辽宁省教育厅	2015 年
2	基于太阳能的节能环保冷、热双效自动控温床	第十二届"挑战杯"辽宁省大学生课外学术科技作品竞赛	一等奖	辽宁省教育厅	2015 年
3	再生水回用型低水耗洁厕系统	第十二届"挑战杯"辽宁省大学生课外学术科技作品竞赛	一等奖	辽宁省教育厅	2015 年
4	寻根记艺术设计有限公司	全国大学生网络商务创新应用大赛	网络商务创新应用特等奖	中国互联网协会	2016 年
5	"海洋之星"环保公益有限公司	"创青春"辽宁省大学生创业大赛	金奖	辽宁省教育厅	2016 年
6	"绿放新城"有限责任公司	"创青春"辽宁省大学生创业大赛	金奖	辽宁省教育厅	2016 年
7	一种太阳能海洋垃圾收集装置	"挑战杯"辽宁省大学生课外学术科技作品竞赛	一等奖	辽宁省教育厅	2017 年
8	"蝇"头小利——蝇蛆消纳餐余垃圾产肥一体化	辽宁省"建行杯""互联网+"大学生创新创业大赛	高教主赛道金奖	辽宁省教育厅	2019 年
9	绿舟环保小分队	辽宁省生态环保作品竞赛	一等奖	辽宁省教育厅	2021 年
10	高速吸能防冲支架	"互联网+"大学生创新创业大赛	金奖	辽宁省教育厅	2021 年

注：所有代表性竞赛成果扫描二维码可见。

代表性竞赛成果

9.5　代表性德育成果

代表性德育成果详见表 9-5。

表 9-5　代表性德育成果

荣誉表彰	获得者	年份
全国践行社会主义核心价值观示范团支部	2013 级环境生态工程团支部	2016
全国高校活力团支部	2013 级环境生态工程团支部	2016
"'井冈情·中国梦'全国大学生暑期实践季专项行动优秀实践团队"	学生组建的"扬帆起航"社会实践团队	2015
共青团中央、中国土地学会-全国级专项社会实践团队	环境学院团委——"绿苑"村土地利用规划志愿服务团	2017
辽宁省党支部规范化建设示范党支部、辽宁大学先进党支部	环境学院学生党支部	2016
辽宁省高校活力团支部	2013 级环境生态工程团支部	2016
辽宁省高校活力团支部	2016 级环境生态工程团支部	2017
辽宁省高校"校园先锋示范岗"	环境学院学生党支部	2018
"大学生在行动"全国十佳志愿者	李英特	2020
全国"百名优秀生态环境讲解员"	丁予淇	2020
环境保护部颁发"环境友好使者"	李明阳	2017
辽宁省大学生年度人物	李明阳	2017

注：所有代表性德育成果扫描二维码可见。

代表性德育成果

9.6　代表性毕业论文（设计）选题

经过 5 年左右的探索，环境科学与工程学科本科毕业论文（设计）选题和硕士毕业论文（设计）选题的绝大部分均来源于真实问题，尤其是"砍瓜网"在毕业选题中发挥了重要的作用，上述成果得到了地方政府、企业、社会的高度认可，也让学生学有所成。

代表性本科毕业论文（设计）选题详见表 9-6。

表 9-6　代表性本科毕业论文（设计）选题

论文（设计）题目	专业	年份
河北省近十年空气质量变化分析	环境科学	2020
大连海域水质模糊综合评价及水质变化趋势研究	环境科学	2020
我国城市污泥增长趋势及其农用可行性分析	环境科学	2020
本溪市太子河流域水质变化趋势及对策研究	环境科学	2020
港口绿色低碳竞争力评价研究	环境科学	2020
基于文献计量的排污权交易研究进展分析	环境科学	2020
污泥资源化利用的潜在风险评价与前景分析	环境科学	2020
沈阳市大气主要污染物周末效应和假日效应分析	环境科学	2020
钒酸铁复合光催化剂光催化降解水中几种有机污染物的研究	环境科学	2020
流域生态补偿的研究和实践进展	环境科学	2020
基于生态足迹朝阳市的可持续发展研究	环境科学	2020
几种天然矿物表面吸附的研究	环境科学	2020
铋基半导体光催化技术研究	环境科学	2020
Co-TiO$_2$、Eu-ZnO 光催化降解 N、P 的比较研究	环境科学	2020
辽宁省"三废"排放情况分析及环境污染程度的评价方法研究	环境科学	2020
河北省大气环境质量评价与建议改善方法	环境科学	2020
复合 NiCo$_2$O$_4$/NiO 光催化体系光催化活性的研究	环境科学	2020
石油降解菌的筛选及土壤石油污染研究	环境科学	2020
新型光催化材料 Ag|AgBr 和 Ag|TiO$_2$ 光催化活性的研究	环境科学	2020
近年来辽宁省农用化学品使用状况分析	环境科学	2020
葠窝水库水质演变趋势分析与联控对策研究	环境科学	2020
罗丹明次氯酸检测试剂的研发	环境工程	2020
有机废气生物净化工艺设计	环境工程	2020
重金属与抗生素联合效应对序批式反应器的影响	环境工程	2020
饮用水余氯高灵敏检测试剂的研发	环境工程	2020
厌氧-好氧法处理印染废水工程设计	环境工程	2020
康平吉阳 200 MW 太阳能电池项目的废水环境影响评价	环境工程	2020
铜浓度变化对序批式反应器中活性污泥胞外聚合物的组分及其含量的影响	环境工程	2020
大气环境影响评价方法与典型案例分析（以康平吉阳 200 MW 太阳能电池项目为例）	环境工程	2020
污水处理厂中微塑料的污染现状分析及对策	环境工程	2020
处理量 5 万 t/d 城镇污水处理厂初步设计	环境工程	2020
QuEChERS-高效液相色谱法测定环境水样中除虫脲和灭幼脲研究初探	环境工程	2020

论文（设计）题目	专业	年份
沈阳市日处理量 10 万 t 污水处理厂初步设计	环境工程	2020
废旧轮胎土法炼油场地石油烃类污染评估研究	环境工程	2020
冰相条件下两种溶解性有机物片段模型对蒽光降解作用的影响	环境工程	2020
分散式污水处理技术及设计	环境工程	2020
集中式农村生活污水处理工程设计	环境工程	2020
废旧轮胎土法炼油污染场地 VOCs 风险评估及修复方案	环境工程	2020
生物质发电项目的固体废物排放现状分析及环境影响评价	环境工程	2020
不同酸碱性下水中溶解性有机物对多环芳烃（苊）光降解的影响	环境工程	2020
废旧轮胎土法炼油苯系物污染场地风险评估及修复方案	环境工程	2020
高效水力空化器件-文丘里管参数优化及降解四环素的装置研究	环境工程	2020
降解抗生素方法的研发及孔板参数优化	环境工程	2020
辽河油田石油污染场地微生物的调查	环境工程	2020
铜胁迫下绿萝响应特征及抗性强化	环境工程	2020
冰相中蒽和苊与溶解性有机物片段模型的结合作用对多环芳烃光降解的影响	环境工程	2020
环境水体 pH 检测试剂的研发	环境工程	2020
水力空化降解罗丹明 B 污水的装置设计	环境工程	2020
重金属胁迫下植物耐受机制的代谢组学研究	环境工程	2020
区域"资源环境"产业现状分析与对策研究——以营口市为例	环境科学	2021
辽宁省城市脆弱性空间格局分析	环境科学	2021
耕地生态补偿政策绩效评价研究——以广东省为例	环境科学	2021
四川省城镇化与生态保护发展耦合协调度研究	环境科学	2021
辽宁靓博科技股份有限公司清洁生产审核实例研究	环境科学	2021
2019—2020 年沈阳市臭氧污染特征分析	环境科学	2021
成渝地区重要节点城市的脆弱性研究	环境科学	2021
S、Ag 掺杂钛酸锶光催化降解壬基酚的研究	环境科学	2021
凹凸棒土、蒙脱土对四环素的吸附及再生	环境科学	2021
高寒地区城市脆弱性综合测度与评价	环境科学	2021
Zn 掺杂 TiO_2 光催化剂的制备及降解性能研究	环境科学	2021
S 掺杂的 TiO_2 的制备及其催化降解甲基橙的研究	环境科学	2021
黄河流域山东段生态保护与高质量发展耦合协调度研究	环境科学	2021
可见光结合 CuO 及 $CuBi_2O_4$ 催化降解水中诺氟沙星的研究	环境科学	2021
大石桥市中建镁砖有限公司清洁生产审核报告	环境科学	2021
辽宁新发展镁质耐火材料集团有限公司清洁生产的研究	环境科学	2021
固定化薄膜催化剂 $AgNbO_3$ 和 $AgNbO_5$ 光催化活性的研究	环境科学	2021
P 掺杂 TiO_2 的制备及对罗丹明 B 的降解性能研究	环境科学	2021

论文（设计）题目	专业	年份
营口市镁产业现状评价与创新发展对策研究	环境科学	2021
农村生活污水处理工程设计	环境工程	2021
QuEChERS-高效液相色谱法测定蔬菜中的除虫脲和灭幼脲	环境工程	2021
序批式反应器处理含盐污水的研究	环境工程	2021
绿色低碳新型养鸡场固体废弃物资源化处理工艺设计方案	环境工程	2021
铜对序批式反应器处理含四环素废水脱氮性能的影响	环境工程	2021
绿色生态养鸡场污染一体化综合处理工艺设计方案	环境工程	2021
沈阳市日处理 10 万 t 生活污水处理厂初步设计	环境工程	2021
罗丹明丝氨醇 pH 荧光探针的制备与性能研究	环境工程	2021
校园生活垃圾智慧化分类体系与模拟运营分析	环境工程	2021
镉对序批式生物膜反应器脱氮性能的影响	环境工程	2021
双重探针检测汞离子的优化设计	环境工程	2021
高效石油降解菌的筛选与生理生化特性表征	环境工程	2021
冰相中不同浓度溶解性有机物对苊光降解的影响	环境工程	2021
铈掺杂 TiO_2 光催化降解吖啶橙研究	环境工程	2021
水相中不同浓度溶解性有机物对苊光降解的影响	环境工程	2021
水相中不同 pH 条件下溶解性有机物对苊光降解的影响	环境工程	2021
多种强化方式下绿萝重金属污染修复效能的优化	环境工程	2021
比色探针检测汞离子的优化设计	环境工程	2021
5 000 t/d 啤酒废水处理工艺设计	环境工程	2021
10 000 t/d 城市生活污水处理工艺初步设计	环境工程	2021
沈阳无废城市建设及固废资源化利用系统设计初探	环境工程	2021
基于循环经济的校园生活垃圾资源化回收体系的设计与实现	环境工程	2021
10 000 t/d 造纸废水处理工艺设计	环境工程	2021
水培条件下绿萝对铜的抗性机制	环境工程	2021
新型微凝胶的设计合成	环境工程	2021
罗丹明酰肼铜离子检测试剂的研发	环境工程	2021
多环芳烃优势降解菌的筛选及降解能力研究	环境工程	2021
医院废水初步工程设计	环境工程	2021
景区分散式污水处理技术及设计	环境工程	2021

代表性硕士毕业论文（设计）选题详见表 9-7。

表 9-7　代表性硕士毕业论文（设计）选题

论文（设计）题目	专业	年份
衡水湖污染特征及沉积物生态风险研究	环境科学	2020
耐盐微生物强化人工湿地去除含盐废水中氮素的模拟研究	环境科学	2020
基于地理信息系统的辽宁省生物多样性保护优先区的识别与评估	环境科学	2020
双 Z 型 V_2O_5/$FeVO_4$/Fe_2O_3 复合光催化剂构建及光催化活性研究	环境科学	2020
菌丝球的文献计量学分析及影响因素研究	环境科学	2020
多氯萘对早熟禾的胁迫规律研究	环境科学	2020
具有双响应活性 Z 型 $CdWO_4$/$ZnFe_2O_4$ 体系构筑及光-微波催化降解四环素	环境科学	2020
基于 n-g-C_3N_4/CNT 阴极电芬顿降解废水中有机污染物的研究	环境科学	2020
几种双 Z 型光催化体系的构建及光催化降解有机污染物同时制氢的研究	环境工程	2020
生物电芬顿系统改性阴极的制备及性能研究	环境工程	2020
南水北调调节池水质及浮游生物群落结构研究	环境工程	2020
太子河山区段上游落叶松林林隙特征及其对植物物种多样性影响的研究	环境工程	2020
三种离子液体的水溶液环境性质测定及安全评估	环境工程	2020
复合垂直流人工湿地设计与污染物去除效果研究	环境工程	2020
固相反应法引入导电通道增强 Z 型光催化剂降解有机污染物同时产氢的研究	环境工程	2020
溶解性有机物在水相中对蒽和芘的光降解	环境工程	2020
异相芬顿-多级环流膜生物反应器处理农药废水运行效能研究	环境工程	2020
纳米材料表面化学性质对蛋白质吸附与构象变化的影响	环境工程	2020
不同条件对水相中 DOM 光致生成 $^1O_2$ 的影响研究	环境工程	2020
包覆 ZH 型光催化剂的制备及降解酚类有机污染物同时转化 Cr（Ⅵ）的研究	环境工程	2020
科尔沁沙地衬膜水稻土中基本营养元素及限制因子研究	环境工程	2020
基于罗丹明的六元螺环 Cu^{2+} 和 pH 荧光探针的设计研究	环境工程	2020
罗丹明 B 荧光探针分别对水中次氯酸和汞离子的检测	环境工程	2020
碳氮调节对草地土壤生物学特性的影响及其土壤肥力质量综合评价	环境工程（专硕）	2020
露天矿排土场基质改良及生态修复效果评价	环境工程（专硕）	2020
Ce/N 共掺杂 TiO_2/精制硅藻土光催化材料的制备及降解应用研究	环境工程（专硕）	2020
添加螯合剂煤层注水防治冲击地压灾害研究	环境工程（专硕）	2020
河道底泥污染物释放影响因素研究及生态清淤初探	环境工程（专硕）	2020
La/N 共掺杂 TiO_2 复合精制硅藻土的制备及其用于环境污染物消除	环境工程（专硕）	2020
光谱技术在沉积物有机质组成结构表征及源解析中的应用研究	环境工程（专硕）	2020
基于 CALPUFF 复合模型的大气污染物浓度时空分布模拟	环境工程（专硕）	2020

论文（设计）题目	专业	年份
辽河流域十年丰水期水环境质量变化趋势分析及评价	环境工程（专硕）	2020
ZnO 负载 Ag 掺杂 Eu 光催化降解壬基酚的研究	环境工程（专硕）	2020
人类粪便排放对水环境中耐药基因的影响	环境工程（专硕）	2020
辽河水域橡胶坝对河流水质影响的特征分析及建议	环境工程（专硕）	2020
硫自养人工湿地脱氮效能评估分析及其氮硫循环研究	环境工程（专硕）	2020
好氧颗粒污泥快速形成条件优化及处理效能研究	环境工程（专硕）	2020
红阳三矿采空区积水对超低摩擦型冲击地压影响研究	环境工程（专硕）	2020
西北某油田酸败抑制剂筛选与潜在应用效力专题研究	环境工程（专硕）	2020
生物炭有机质提取方法与分子特征及应用	环境工程（专硕）	2020
负载型 g-C$_3$N$_4$ 光催化剂的制备及降解罗丹明 B 性能的研究	环境工程（专硕）	2020
基于 eDNA 技术的河流生物群落完整性评价方法研究	环境工程（专硕）	2020
紫外光-二氧化钛-亚硫酸盐悬浮体系下降解溶液中 1-氯萘的工艺研究	环境工程（专硕）	2020
黑玉米富硒技术的开发与应用研究	环境工程（专硕）	2020
蒙古国沙漠地区双膜覆盖水稻种植技术研究	环境科学	2021
沙棘修复尾矿坝的重金属迁移时间效应分析及预测	环境科学	2021
冰相与水相中不同条件下溶解性有机质对苊光降解的影响	环境科学	2021
人为扰动对阜新市沙化敏感区泡沼湿地的生态影响	环境科学	2021
溶解性有机物片段模型对水相和冰相中蒽和芘光降解的影响	环境科学	2021
Pb 和 B[*a*]P 对黑麦草耐性及矿质营养吸收特征的研究	环境科学	2021
辽宁本土石油降解菌筛选及降解效果研究	环境科学	2021
铋基 Z 型 Bi$_3$O$_4$Cl/Bi$_2$MoO$_6$ 复合光催化剂的构建及光催化活性研究	环境科学	2021
冰封期河流污染物变化规律及机理研究——以太子河本溪城区段为例	环境科学	2021
水力空化及其强化对大肠杆菌的去除效果及机理研究	环境科学	2021
芬顿法降解第四代氟喹诺酮类抗生素优化及机理研究	环境工程	2021
填料床 A/O 系统处理干清粪养猪废水的性能研究	环境工程	2021
低温条件下 MBBR 工艺处理农村厕所废水研究	环境工程	2021
微生物絮凝剂强化电厂循环水处理效能的研究	环境工程	2021
g-C$_3$N$_4$ 基复合材料制备及其光催化降解有机污染物的研究	环境工程	2021
浑河流域社河控制单元水环境承载力评估与预警技术研究	环境工程	2021
白洋淀典型村落水域沉积物污染特征及生物毒性研究	环境工程	2021
以煤矸石为基质的生菜种植土壤改良配比研究	环境工程	2021
Fe 掺杂 ZIF-8 衍生物活化过硫酸盐降解磺胺甲恶唑	环境工程	2021
大型露天矿闭坑后地下水调整及重金属迁移规律预测研究	环境工程	2021
基于氢键调控的 pH 探针及其对大型蚤荧光成像	环境工程	2021
基于正向演替的河道水生生物链培育与恢复技术研究——以太子河本溪城区段为例	环境工程	2021

论文（设计）题目	专业	年份
开采地表沉陷预测冲击地压研究	环境工程（专硕）	2021
清河凡河流域底泥重金属污染监测及评价	环境工程（专硕）	2021
高含盐难降解工业园区污水的物化-生化耦合深度净化技术	环境工程（专硕）	2021
西安市水体中 DOM 的时空分布特征及排口对其的影响	环境工程（专硕）	2021
基于山水林田湖草生命共同体理念下的葭窝水库生态保护修复工程方案初探	环境工程（专硕）	2021
自培富硒绿豆芽中有机硒的提取及其生物有效性评价	环境工程（专硕）	2021
$[C_npy]Br$（$n=3，5$）离子液体水溶液的性质及对油菜幼苗生理生化的影响	环境工程（专硕）	2021
硫自养反硝化中亚硝酸盐积累机制及工程调控策略	环境工程（专硕）	2021
复合湿润剂注水防治冲击地压研究	环境工程（专硕）	2021
外源电子供体增效低温硫自养反硝化脱氮效能优化	环境工程（专硕）	2021
幼儿园空调过滤系统中耐药组和微生物组的分布特征及人体暴露评估	环境工程（专硕）	2021
噬菌体与杀菌剂抑制某油田酸败效力评价	环境工程（专硕）	2021
三氯萘在高岭土表面的分析和光转化研究	环境工程（专硕）	2021
矿井水对冷季型草坪草和土壤理化性质的影响研究	环境工程（专硕）	2021
啤酒废水污泥资源化及对风沙土中种植蔬菜的影响效果研究	环境工程（专硕）	2021
太子河典型沉水植物生长特性及水质净化效果研究	环境工程（专硕）	2021
铜胁迫下芦苇抗性机制及修复效能的强化	环境工程（专硕）	2021
衬膜水稻技术对科尔沁沙地荒漠化土壤的修复效果研究	环境工程（专硕）	2021
农村生活污水 AAO-接触氧化一体化处理装置设计与处理效果研究	环境工程（专硕）	2021
添加表面活性剂的煤层注水机理研究及应用	环境工程（专硕）	2021
遗留污染场地土壤环境损害鉴定实物量化与健康风险评估研究	环境工程（专硕）	2021
基于碳纳米催化材料的电芬顿体系处理有机废水	环境工程（专硕）	2021

代表性毕业论文案例扫描二维码可见。

代表性毕业论文案例

第10章

真实问题导向下的"学科建设-人才培养"一体化办学案例

10.1 代表性社会服务案例

10.1.1 社会服务贡献总体情况

本学科秉承"明德精学,笃行致强"的办学理念,发挥学术团队和人才优势,把为社会发展培养高素质创新人才和提供强有力的科技支撑作为责任担当,并在新冠肺炎疫情期间为疫情防控做出了贡献。

10.1.1.1 培养多样化复合型人才,投身东北生态环境建设

迄今本学科培养了 6 800 余名本科、硕士、博士毕业生,其中一半以上扎根东北为家乡服务,参与东北振兴的伟大实践,他们现在已经成为专家学者、地方领导和环保行业骨干,如哈尔滨工业大学马放、辽宁省生态环境厅厅长胡涛、辽宁省环保集团总经理牟维勇等,展示了"辽大智造"。

10.1.1.2 提供关键技术支撑,解决国家和区域生态环境问题

围绕矿山环境安全、流域污染治理等技术难题开展攻关,共主持国家重点研发计划和科技重大专项等重大课题 5 项,研发的巷道防冲击地压支护技术及装备在全国 122 个矿区矿井推广应用,获得国家科技进步二等奖;北方山区型河流生态修复与功能提升技术体系在太子河开展工程示范,为辽河流域摘掉重度污染河流"帽子"提供了重要技术支撑,贡献了"辽大力量"。

10.1.1.3　发挥多学科交叉优势，服务地方生态环境治理

本学科联合经济、法律等辽宁大学优势学科群，为省环境污染防治、生态建设提供技术和决策咨询服务。例如，成立辽宁大学司法鉴定中心并获得生态环境部环境损害鉴定评估资质；开展 2 万余件鉴定评估、7 500 余人次技术培训工作；编制《辽宁省大气污染防治规划》《辽河流域水生态监测与评价技术指南》等并颁布，体现了"辽大责任"。

10.1.1.4　举办高层次学术会议，助力区域经济绿色发展

创办了"北方环境论坛""东北环境院（所）长论坛""中俄矿山开采岩石动力学国际高层论坛"等一系列学术品牌，围绕区域需求，举办了 50 场国内外会议。与企业合作主办了东北亚（沈阳）国际环保博览会、中加国际环保技术交流会、辽宁省国际环境与能源技术成果展，促成本学科与德国史太白、韩国 C&K 协会等合作，成立技术转移基地并开展成果转化，受到省委、省政府领导的高度重视，打造了"辽大舞台"。

10.1.2　社会服务典型案例

10.1.2.1　立足东北辐射全国，解决煤炭资源枯竭矿区环境地质灾害问题

煤炭作为我国的主要能源，支撑中国 GDP 达到了全球第二。改革开放 40 多年来对煤炭资源的高强度开采，造成东北阜新、抚顺、辽源、双鸭山及全国很多矿区开采条件更加复杂甚至资源枯竭，并面临着地表破裂、水土流失、地下冲击地压等严重环境地质灾害。学科带头人潘一山团队围绕资源枯竭矿区环境地质灾害的机理、评价、监测、预警及防治等方面开展了深入研究，在冲击地压巷道防冲支护技术与装备等关键技术方面取得突破，成果应用在全国 122 个矿区矿井，编制国家标准 4 部，3 篇论文分别获得 2016 年度、2017 年度和 2019 年度"中国百篇最具影响的国内学术论文"。2020 年，以第一完成人获得国家科技进步二等奖。担任组长编制的《防治煤矿冲击地压细则》《煤矿冲击地压防治监管监察手册》两部法规文件，由国家矿山安全监察局发文，分别于 2018 年、2020 年在全国所有该类灾害矿井中执行。通过技术推广和法规实施，有效地遏制了环境灾害事故的发生，很好地落实了习近平总书记 2018 年对该类矿区环境地质灾害的指示批示精神，受到了国家矿山安全监察局和灾害矿区的高度评价。

新冠肺炎疫情期间，在人员流动困难的情况下，2020 年 3—5 月组织开展全国环境灾害矿井专家网络咨询免费公益活动，覆盖了 10 个省的 22 个矿井矿区，参加人员有 739 人，有效地保障了疫情期间煤炭能源的生产和安全。

10.1.2.2　突破山区型河流生态修复关键技术，水专项助力辽宁绿水青山

水体污染控制与治理科技重大专项是科技部设立的 16 个重大专项之一。依托本学科城市水资源与水环境国家重点实验室流域综合治理技术研究中心教师团队，我们牵头承担了国家"十二五"水专项辽河流域项目，课题总经费 1.17 亿元，以辽河流域典型山区型河流——太子河为研究对象，突破了集"上游脆弱生境维系与生物多样性保护、中游城区段河流生境改善与水质提升、矿区水陆交错带污染阻控与生态修复和流域水生态管理平台构建"四位于一体的成套北方山区型河流生态修复与功能提升技术体系，并在 240 km^2 示范区开展了工程示范，国控考核断面 COD 削减 29.2%，氨氮削减 50.0%，为辽河流域摘掉重度污染河流的"帽子"提供了重要技术支撑。

课题出版学术专著 3 部，获得国家专利 23 项，取得软件著作权 2 项，发表论文 39 篇；培养了研究生 40 人；制定的《山区型河流生态修复技术指南》《山区型水库功能提升可研报告》，已被省生态环境厅采纳。研发技术在辽河、浑河、太子河的 42 处河段推广引用，为省政府"环保攻坚战"投资 80 多亿元的城市黑臭水体治理工程提供了重要技术支持。课题技术成果和治理效果被《共产党员》《辽宁日报》《环境保护与循环经济》专题报道，并被人民网、网易新闻、东北新闻网等主流媒体转载。

10.1.2.3　打造国内一流双资质鉴定机构，服务生态环境损害鉴定评估

生态环境损害鉴定评估是为贯彻落实党的十八大关于实行最严格的损害赔偿制度、责任追究制度而进行的机制体制建设重要内容。本学科联合法律学科于 2004 年成立了辽宁大学司法鉴定中心，近 5 年受理鉴定案件 4.1 万件，涵盖 10 多个省 40 余个城市，其中涉及环境领域的酒精、毒物等鉴定案件 2.7 万件，危险废物等鉴定案件 720 件。2018 年，设置环境损害司法鉴定硕士点，已招生 24 人。2020 年由宋有涛（辽宁省环境损害鉴定评估首席专家）牵头，获批生态环境部损害鉴定评估资质（全国共三批 42 家，且仅有中国地质大学、武汉大学、大连理工和辽宁大学 4 所高校）。截至 2020 年年底，已培养该领域国家库专家 3 人、省库专家 6 人，开展了 36 件环境损害司法鉴定/生态环境损害鉴定评估案件，例如，"宝清县××非法采矿案"经鉴定评估非法开采面积 16.7 万 m^2，造成直接损失 3 108 万元、间接损失 1 250 万元、生态修复费用 1 085 万元，为生态环境损害违法处置提供了技术支撑和法律依据。

辽宁大学司法鉴定中心编制了《辽宁省司法鉴定条例》，中心获评"全国公共法律服务工作先进集体""国家司法鉴定人员培训基地"，组织相关技术培训累计 7 500 余人次。新冠肺炎疫情期间，开辟鉴定绿色通道，为各类困难群体减免鉴定费近 90 万元；积极参与精准扶贫，减免岫岩满族自治县牧牛镇困难群众鉴定费 3.9 万元。

10.1.2.4 发挥多学科交叉优势，为区域污染防治攻坚战提供"智库"服务

辽宁大学的应用经济学为世界一流学科，管理学科为省一流学科。本学科以"新工科""新文科"建设为指引，联合应用经济学、管理学科，成立了"辽宁省水源保护区生态环境保护和民生安全协同创新中心"，与省生态环境厅、大伙房水库保护区等相关部门开展合作，为省环境污染防治、生态补偿和经济发展提供技术支持和决策咨询服务。

研究团队近 5 年来承担了辽宁省大气污染防治暨蓝天工程规划、辽河流域水生态监测体系构建、饮用水水源地水质监测预警技术、辽河-凌河水质及生物多样性监测等 10 余项生态环境部门委托课题，联合培养了 12 名博士、20 余名硕士研究生，突破了辽河流域"本土化"监测技术，研发了省内首台水生态监测车，建成了业务化的辽河流域水生态监测网络和辽宁在线水质发布系统手机软件，形成了《辽宁省大气污染防治规划》《辽河流域水生态监测与评价技术指南》《关于完善辽宁省饮用水源保护区生态补偿的建议》《消耗臭氧层物质解析》《以新发展理念引领东北新旧动能转换》（《光明日报》理论版）等系列成果，被《中国环境报》、新华网、中国水网等媒体报道。省政协人资环委专门组织召开了专题研讨会，引起了专家和社会的广泛关注。

10.1.2.5 打造"北方环境论坛"学术品牌，创新驱动助力区域经济绿色发展

辽宁大学是辽宁省环境科学学会的理事长、秘书长单位（2014 年至今）。为了增大辽宁大学环境学科、辽宁省环境科学学术年会的社会影响力和服务地方能力，2016 年创建了"北方环境论坛"系列学术品牌。5 年来，先后以"东北振兴""流域治理""生态修复""创新驱动""环境健康"为主题，在大连、葫芦岛、本溪、阜新、沈阳 5 地召开了五届"北方环境论坛"主题年会以及 45 场系列会议，包括东北环境院（所）长论坛、资源枯竭型城市助力工程研讨会、新冠肺炎疫情医疗废物环境管理研讨会、中俄矿山开采岩石动力学国际高层论坛、草地生态与适应性管理国际学术研讨会等，参加会议人数合计 5.65 万人次，培训本学科师生 6 300 人次，促进了区域重要环境问题研究，为政府决策提供了重要支撑。另外，与企业合作我们主办了首届东北亚（沈阳）国际环保博览会（2016）、中加国际环保技术交流会（2017）、辽宁省国际环境与能源技术成果展（2019），促成本学科与德国史太白、韩国 C&K 协会、省环保集团等合作（2020）获批辽宁省高校科技成果转化和技术转移基地，已引进 4 500 万元环保检测进口设备和 340 万元抗疫医疗装备到沈阳落户，开展消毒机器人、医疗方舱和光触媒抗病毒口罩等 7 项技术研发，受到省委、省政府领导的高度重视，提升了本学科的国内外影响力。

10.1.2.6　深入农村农业一线，脚踏实地以科技助力脱贫攻坚

本学科认真落实中央和省委、省政府脱贫攻坚决策部署，全力做好对口扶贫工作。鞍山市岫岩满族自治县农业资源丰富，但是农业生产技术含量低。为全面打赢脱贫攻坚战，本学科与化学、生物等学科联合，派出 3 名包括教授、副教授在内的教师进驻村（镇），深入扶贫一线，在派出地建立"教授工作站"，现有驻站教授 12 名。岫岩满族自治县牧牛镇以食用菌种植为主导产业，现有 1.5 万个香菇种植大棚，2020 年接种香菇 1.5 亿段，出产香菇 15 万 t，全镇 70%以上人口从事香菇种植及配套服务。但是，近年来，香菇面临市场饱和、香菇种植产生的废弃料污染环境等问题日趋严重。通过对香菇种植全过程的分析，利用当地香菇种植基地的特殊资源优势，打破传统硒元素的加入方式，调节产出香菇中硒元素的含量，提高香菇的有效营养成分和食用口感，使当地香菇占领了香菇的高端市场，增加了菇农种植户的收益。香菇种植过程中产生的大量香菇根和"菇角"（边角料）等废弃物，或沿河丢弃或焚烧处理都污染严重。通过攻关，开发出将香菇废料深加工成特种鸡饲料的技术。这种饲料不仅能够提高蛋鸡自身的机体免疫能力，减少药物的使用，还能够提高鸡蛋的有效营养成分和食用口感，一经推出，便受到市场的热烈欢迎。不仅变废为宝，还为菇农年增收 1.1～1.3 元/段，与此同时，也为养鸡户增加了收益。

10.2　代表性教学改革案例

10.2.1　基于"真实问题教学法"创新的环境工程专业课教学综合改革

10.2.1.1　成果简介及主要解决的教学问题

（1）成果简介

习近平总书记在关于"两学一做"学习教育的重要指示中指出，只有真正突出问题的方向，以问题为出发点，以问题为学习的基础，通过在整个学习和教育过程中改变问题，解决问题，全体党员就能真正实现身心的革命，这也是党中央和全国人民所期待的。这一重要论述为高校教学课程建设指明了方向。

2015 年以来，辽宁大学环境科学与工程学科秉持立德树人理念，坚持真实问题导向，首创"真实问题教学法"，持续推进基于"真实问题教学法"的环境工程专业课教学改革。创设真实问题引导的"主课堂+"立体化教学模式，打造教学内容整合、教学方法创新、教学模式集成的创新主课堂，打造网络新媒、虚拟仿真、工程实践课堂助力教学时空拓展，有效地增强了教学亲和力和针对性。一批优秀中、青年教师脱颖而出，多人入

选国家"百千万人才工程"第一层次、国家"万人计划"领军人才、"全国创新争先奖"获得者、国务院特殊津贴专家、辽宁省优秀教师、辽宁省特聘教授、全国高校辅导员年度人物、辽宁省高校辅导员年度人物等;教师、学生团队先后入选辽宁省教育厅创新团队、共青团中央优秀新媒体传播团队、共青团中央乡村暑期社会实践活动优秀团队等,受到《共产党员》、《辽宁日报》、"学习强国"平台等重要媒体宣传报道,20 余所省内外高校来访交流,影响广泛。

（2）主要解决的问题

1）教材体系向教学体系转化的难题:环境工程专业课教学长期存在离不开教材和完全抛开教材两种倾向。"真实问题教学法"是紧扣学生关注点与教材重难点的契合点开展教学,有力推动教材体系向教学体系转化。

2）专业深刻性与教学生动性的矛盾:环境工程专业课教学长期面临"一专业就无聊,一深刻就无趣"的困境。理论性、应用性、专业性是环境工程专业课教学的重要标志,偏好生动性、趣味性、科普性又是当代大学生的学习特点。"真实问题教学法"从学生关注与困惑的问题入手,用真实问题的深度追问方式激发学生兴趣、引导学生思考,彰显理论透彻性,提升专业说服力。

3）教学供给单一与学生需求多样的失衡:教学内容丰富而时空有限,学生思维活跃而教学模式僵化,是影响环境工程专业课成效的"瓶颈"。本成果着眼培育新时代生态文明建设者发展目标,搭建"主课堂+拓展课堂"立体化教学模式,围绕主课堂,构建虚拟仿真、校外实践、网络新媒"三位一体"的拓展课堂,创设"雨课堂""腾讯课堂""微信公众号课堂""抖音课堂"等"魅力课堂群",有效破解教学供给与学生需求间的矛盾。

10.2.1.2　成果解决教学问题的方法

依托教学内容整合、方法创新、模式集成三大平台,构建内容、方法、模式"三位一体"综合教改体系,取得显著成效。

（1）推动教学内容"主题式整合",实现教材体系向教学体系转化

以真实问题为导向,认真研究学生,深度研究教材,提炼教学主题,推动教学目标与学生需求对接。

1）深耕教材,提炼教材主题:依据环境工程课程性质和目标,深入研究教材,把握重难点,建立教材知识导图,形成各课程教材主题。

2）研究学生,提炼成长主题:通过问卷、访谈等搜集学生关注的真实问题,依托辽宁大学真实问题网站——"砍瓜网",建立大学生理论关切问题数据库。

3）整合成长主题与教材主题,提炼教学主题:形成覆盖 12 门环境工程专业课的 50 多个教学主题,搭建立体化教学内容框架。

（2）推动"真实问题教学法"方法创新，实现教学深刻性与生动性的有机统一

依据教学主题，创设"真实问题教学法"。将教学主题分解为子问题，以真实问题为教学起点；设计问题逻辑链，激发学生的求知欲；破解真实问题，展现逻辑力量和生态环境教育需求。"真实问题教学法"打破以结论为起点的教法，以真实问题为起点，以问题逻辑链引导教学，突出针对性，彰显"新工科"教育魅力。

【示例】：如何认识"生态系统有价值"？

1）"生态系统有价值"的提法正确吗？

◆ 教材重难点：能否用经济货币来定量表达生态系统价值呢？

◆ 学生关注点：绝大部分生态系统，并没有经过人类的劳动，还不能作为商品出售，为什么能有价值？

◆ 教学结合点：①能否说劳动是唯一的价值源泉，生态系统为什么没有价值？②能否说生态系统跟土地一样是生产要素，为什么不能创造价值？③如何认识"绿水青山就是金山银山"？

2）怎样核算"生态系统价值"？

◆ 教材重难点：生态系统价值核算面临的技术问题是什么？

◆ 学生关注点：如何计算出令人鼓舞的森林漫步声或鸟鸣声的价值？

◆ 教学结合点：①科斯坦萨在 *Nature* 上发表的论文里"世界生态系统服务与自然资本的价值"是如何计算的？②欧阳志云的生态系统生产总值（GEP）核算跟科斯坦萨有什么异同？

3）"生态系统价值"核算如何在地区、国家乃至全球推广？

◆ 教材重难点：环境经济学家为什么不认可生态经济学家的"生态系统价值"核算结果？

◆ 学生关注点：究竟谁算的"生态系统价值"能更准确？

◆ 教学结合点：①环境经济学和生态经济学交叉学科的异同？②如何把中国的理论和实践推向全世界？

（3）建构"主课堂+"立体教学模式，实现主课堂与拓展课堂有机结合

围绕主课堂，搭建"主课堂+"立体教学模式，有效拓展教学时空。

1）网络新媒课堂：依托辽宁省高校"环境工程专业课网络共建团队"，打造"环境学苑"微信公众号、抖音号、"环教视窗"平台，录制慕课、教辅片、微课等，拓展网络教学空间。

2）虚拟仿真课堂：与东方仿真、润尼尔等公司合作，利用虚拟仿真、半实物仿真、现实AR增强技术等教学技术手段，让学生体验环境工程设备的原理，以及安装、使用等具体操作。

3）校外实践课堂：以专业实验实训为主，以暑期志愿者实践和科研项目嵌入实践为翼，创设"一主两翼"实践教学模式；通过"环保志愿者小分队""产学研实验实习基地"等途径，促进主课堂与工程实践课堂对接。

10.2.1.3　成果的创新点

（1）深耕教材，读懂学生，构建"主题式"教学内容新体系

深度研究教材，准确把握环境工程专业教材中的重点、难点问题；深入调研学生，全面了解学生的理论关注点和困惑点问题；结合教材重点、难点和学生关注点，形成教学结合点真实问题，构建了专业课"主题式"教学内容新体系。教学内容的"主题式"整合，避免了传统教学中"要么照本宣科，要么脱离教材；要么无视学生，要么迎合学生"的问题，确保专业教学紧扣课程目标和主旨，有效实现了教材要求与学生需求的有机结合。

（2）问题导引，来源实践，首创真实问题教学新方法

在国内首创"真实问题教学法"。一是突出问题意识，将问题而非结论作为环境工程专业课教学的起点，从解决问题着手，以问题回应学生需求，增强教学针对性，提升教学实效性，避免了专业课教学中的生硬结论灌输；二是突出重点意识，把握主要矛盾，聚焦重点难点问题，以简驭繁，避免教学泛泛铺陈、面面俱到；三是突出逻辑追问，以解决问题的逻辑链引导教学，激发学生兴趣，激活学生思维，用严密的逻辑和透彻的理论说服学生，使得学生的理论学习兴趣和获得感显著提升。

（3）拓展时空，综合创新，打造"主课堂+"立体教学新模式

坚守课堂主阵地，创设环境工程专业课教学内容研究、教学方法创新、教学模式集成"三大平台"，推动以"真实问题教学法"为核心的主课堂教学创新，显著提升课堂教学效果。着眼"生态文明"格局，创设网络视频课堂、虚拟仿真课堂、校外实践课堂"三大课堂"，构建"主课堂+拓展课堂"的立体教学新模式，有效拓展教学时空。打造"魅力课堂群"，让专业课动起来、活起来、联起来。搭建"一主两翼"的实践教学新模式，推动理论与实践有机对接；构建"网络视频课堂"和"虚拟仿真课堂"，创新教学技术手段，推动专业课教学与新媒体、新技术的有机融合，增强专业课教学的时代感和吸引力；构建"校外实践课堂"，通过"环保志愿者小分队""产学研实验实习基地"等途径，促进主课堂与工程实践课堂有机对接。

10.2.1.4　成果的推广应用效果

历经5年探索，"真实问题教学法"综合改革取得显著成效，产生广泛影响。经5届1 400余名环境、生态等专业本科生实践检验，实现实践教学和小组研学全员参与以及课堂满意度显著提高，得到学生和同行的一致好评。

（1）教改成果产生重要影响

①潘一山教授编写的《真实问题导向下的创新创业人才培养》一书广受好评，读者评价"内容详尽实用，可复制、可推广"，推出的真实问题网站"砍瓜网"汇聚了 2 万余个真实问题，在政府、社会、企业各领域影响广泛，并孵化出一大批科研项目，解决千余项行业、企业的发展难题，培育出了众多的创新创业人才，辽宁大学真实问题研究中心的教改经验正在向全国高校辐射；②"环境学苑"微信号、"环教视窗"平台等网络平台点击率高，慕课和教辅片在全国 40 多所高校运用；③基于"真实问题教学法"理念，宋有涛、王俭、付保荣教授撰写的教材《环境经济学》《环境地理信息系统》《环境污染生态毒理与创新型综合设计实验教程》被列为普通高等教育"十三五""十四五"规划教材，深受学生和同行好评；④举办全国规模的真实问题导向下环境科学与工程"学科建设-人才培养"一体化办学研讨会、真实问题导向下的人才培养研讨会等，教改经验在大会上交流推广，多名教师做"真实问题教学法"教学示范；⑤潘一山教授在中国教育学会论坛等国家、地方研讨会上就真实问题作专题报告 20 余场，程志辉、包红旭教授等多位教师在辽宁省、沈阳市的示范教学，东北师范大学、天津大学、长安大学等 20 多所院校来访学习。

（2）教改经验受到高度肯定

①潘一山教授牵头的"环境工程"本科专业 2019 年被评为省一流专业，2021 年被评为国家一流专业；②潘一山、霍丹、王俭、宋有涛教授的"真实问题导向下的创新创业人才培养的研究与实践""多维联动、三项融合创新创业教育新范式探索与实践""以创新能力培养为主线的地方本科高校理工科应用型人才培养体系改革与实践"教改成果分别获得辽宁省教学成果一、二、三等奖；③宋有涛教授主编的《环境经济学》教材，被原环境保护部副部长吴晓青评价为"以习近平生态文明思想中关于环境污染治理、保护生态环境的讲话为引领，理论结合实践，国外经验结合国内探索，从实际应用角度出发，全面地介绍了环境介质污染治理及生态补偿的政策和措施，梳理了国家层级的自改革开放以来环境保护方面的重要法律、法规；并从经济学的角度出发，找出我国现行污染治理的不足之处及实现路径。不仅可以作为高校大学生、研究生教材，而且对社会上生态环境管理及技术人员也将具有重要的参考作用"；④潘一山教授主持的"产教融通的'新工科'人才创新创业教育实践平台开发与保障"、宋有涛教授主持的"真实问题导向下'新工科'专业教师工程实践能力与教学水平提升策略与路径"分别获批教育部"新工科"建设、产学合作协同育人项目立项；⑤环境学科大学生实践团队先后被评为"共青团中央优秀新媒体传播团队""全国级专项社会实践、乡村暑期社会实践活动优秀团队"等。

（3）一批优秀教师脱颖而出

教师队伍中，入选国家"百千万人才工程"第一层次 1 人、"万人计划"领军人才 1 人,"全国创新争先奖"获得者 1 人,国务院特殊津贴专家 2 人,辽宁省优秀教师 2 人,辽宁省特聘教授 3 人,"兴辽英才计划"杰出人才 1 人,"兴辽英才计划"科技创新领军人才 2 人,"兴辽英才计划"青年拔尖人才 2 人,中科院青年创新促进会会员 1 人,全国高校辅导员年度人物 1 人(入围)、辽宁省高校辅导员年度人物 1 人,获得省教学成果奖 18 人次。

10.2.2 基于"文工交叉、科教融合"创新人才培养的《环境经济学》教材建设

10.2.2.1 成果简介及主要解决的教学问题

(1)成果简介

教材是育人育才的重要载体。《环境经济学》着眼于国家"新工科"和"新文科"的建设需求,以习近平生态文明思想为引领,以培育新时代"文工交叉、科教融通"的综合性人才为目的,从实际应用角度出发,系统性、全面性地介绍国内外环境经济学理论知识、科研成果和实际案例,使环境学科学生在学习过程中突破文工学科壁垒,真正理解环境经济学的理论内涵,能够应用经济理论来分析和解决资源环境问题,成为具有创新精神、独立思考能力和跨学科应用能力的综合性人才。

《环境经济学》已被列为普通高等教育"十四五"规划教材。由辽宁大学环境经济学、环境工程双聘博士生导师宋有涛教授任主编,原国民经济学博士生导师宋效中教授,原辽宁省环境保护厅厅长、中科院生态所博士生导师朱京海教授,环境学院原副院长、生态学科负责人王俭教授任副主编,原环境保护部副部长吴晓青为该教材撰写序言。该教材于 2014 年起编撰,自 2016 年起作为本科环境经济学课程教材,给环境科学与工程和生态学两个专业的学生授课,并于教学实践中进行完善。历时 7 年、12 次修改,于 2021 年在中国环境出版集团正式出版。

该教材以习近平生态文明思想为引领,以课堂思政统揽全书,介绍了国家层级的自改革开放以来环保方面的重要法律、法规,并将习近平相关讲话融入案例;以创新人才培养为目的,将国内外经济学教材、专著、相关论文和案例进行梳理,以本领域前沿科学研究成果更新和拓展教材内容,在近 6 年的教学实践中,鼓励学生反映在使用教材进行学习和思考中发现问题,并根据这些教学中的真实问题对教材内容进行补充和完善;围绕"科教融通"概念,应用经济学方法分析科研问题,并将教学内容进行拓展,设立开放课题,促进科研,进而由科研所获成果作为前沿知识和案例丰富教材,反哺教学;由环境经济学本身"文工交叉"的特点为中心,构建经济主文、环境主工、相通相融的编委团队,关注该教材在编撰过程中的跨学科专业性。

（2）主要解决的教学问题

1）解决了传统教材价值导向不明显，思政元素挖掘深度不够的问题。

2）解决了传统教材难以满足以国际工程专业教育认证为前提的"新工科""新文科"创新人才培养需求的问题。

3）解决了传统《环境经济学》教材以文为主，缺少理工特色、不适合理工科学生学习的问题。

4）解决了传统《环境经济学》教材科研与教学、理论学习与案例实践理解割裂的问题。

10.2.2.2　成果解决教学问题的方法

（1）建设特色教材，树立价值导向，增强育人功能

宋有涛教授主编的《环境经济学》教材以习近平生态文明思想中关于环境污染治理、保护生态环境的讲话为引领，将讲话贴切地引用到教材中，使学生既可以深刻理解教材的内容，又可以深刻领会习近平生态文明思想。立足中国实践，反映国情民情、总结中国经验、彰显中国特色，理论结合实际，助推专业教育与思想政治教育相融合。例如，在教材中融入《习近平讲述的故事》之"生态文明的安吉实践"，以反映我国"绿水青山就是金山银山"的理念。在实践教学环节里，通过"基本理论—政策解读—案例分析"的模式，使学生了解专业相关的国情民情，树立正确的价值观、生态观，紧跟时代步伐。

（2）以文工交叉，理论教学与实践管理相结合的专业编委团队，进行《环境经济学》教材编写

以环境经济学本身"文工交叉"的特点为中心，构建经济主文、环境主工、相通相融的编委团队。主编宋有涛教授是辽宁大学环境经济学、环境工程两个方向的博士生导师，在环境学院为本科生讲授"环境经济学"课程，多年致力于"文工交叉"研究，对文工两科了解颇深；副主编宋效中教授是辽宁大学经济学院原理论经济学博士生导师，主要从事国民经济管理方面的教学和科研，对经济学理论造诣深厚；副主编朱京海教授曾任职辽宁省环境保护厅厅长多年，现在担任辽宁省政协人口资源与环境委员会副主任、辽宁省环境科学学会理事长，在辽河流域干流水污染"摘帽"、国家水体污染控制与治理科技重大专项、辽宁省"蓝天工程""碧水工程"等实施过程中发挥了重要的作用，积累了丰富的生态环境管理经验；副主编王俭教授任辽宁大学环境学院教学副院长，生态学科负责人，对该教材的教学适用性做出了突出贡献。

（3）协调教学与科研，以科助教，加强科教融通，促进与教材相对应的课程建设

通过将科研项目作为案例和实习实践融入教学，使学生可以应用经济学方法分析科研中遇到的实际问题，加强学生独立思考和实践应用的能力。如在讲授"环境经济学"

课程时，设立实习考核环节，即学生应用其课堂上学到的经济学知识对本书主编主持的国家重大科技专项成果进行"成本-效益"分析，并以报告的形式在课堂上分享，教师加以点评，从而加深其知识理解和应用的能力。同时，将教学内容进行应用拓展，设立开放课题，如本书主编围绕环境经济研究领域近年来设立开放课题21项，面向所有学生及青年教师团队，促进科研，进而由科研所获成果作为前沿知识和案例丰富教材，反哺教学。

（4）依托互联网技术融合纸质教材与数字资源，整合国内外教学材料，丰富教学

在内容上，系统梳理国内外环境经济学及其相关的教材、专著、论文、案例，该教材介绍了自改革开放以来国家层级环保方面的重要法律、法规，并对必要的法律、法规进行了摘录和说明，从政策和法律、法规上诠释环境经济学内涵及应用价值。该教材在知识内容上，兼顾国内应用与国际的接轨，助推创新人才培养。在表现形式上，建设创新型数字教材，通过扫描纸质教材二维码，获取视频、音频等数字资源，达到融合教材、课堂、教学资源效果，增强教材的新颖性、创新性。

10.2.2.3 成果的创新点

（1）教材注重理论与实际相结合，内容前后照应，系统性强

纵观现在国内流行的环境经济学教材，大都以板块式结构为主，即理论部分、政策部分、实践部分截然分开，看不出理论是如何指导实践，实践又是如何反映理论的。为克服这个缺点，该教材在结构设计上，先讲基本理论，后讲中美两国以及世界上其他国家在基本理论指导下实施的应对政策和污染治理措施，从而使教材内容前后照应，系统性强。

（2）全面地介绍了环境介质污染治理及生态补偿的政策和措施

现在流行的环境经济学教材，大多侧重于环境经济学理论和政策的分析，而对环境介质污染治理措施介绍得很少。我们认为这样做是喧宾夺主，其实理论和政策的介绍都是为环境介质污染治理措施服务的，应该把重心后移。所以，该教材用了一半以上的篇幅介绍空气污染、水污染、固体废物和有毒物质污染的治理及生态补偿政策，以及可持续发展战略，重点突出。

（3）教材从经济学角度深入剖析了我国现行环境污染治理不足之处及国外可借鉴的经验

我国环境污染治理起步较晚，现在还处于经济增长中高速阶段，而发达国家在经济中高速增长期有许多污染治理的教训和经验。该教材在介绍环境介质污染治理的各章中，通过中美比较，找出我国现行环境污染治理不足之处及美国可借鉴的经验，以供参考。

（4）教材编写与时俱进，充分挖掘了环境经济学课程的思政元素，为课程思政建设提供支撑

环保法律、法规是治理污染、保护环境的主要依据。为此，我们梳理了国家层级的

自改革开放以来特别是 2014 年以来环保方面的重要法律、法规，并对必要的法律、法规进行了摘录和说明。习近平总书记对治理污染、保护环境高度重视，近些年来在许多场所，利用各种机会发表了很多关于保护环境的重要讲话。我们把这些讲话贴切地引用到教材中，使读者既可以深刻理解教材的内容，又可以深刻领会习近平生态文明思想。

10.2.2.4　成果的推广应用效果

（1）教材推广成效

《环境经济学》作为经济学与环境专业融合学科的特色教材，已被列为普通高等教育"十四五"规划教材，受到业界广泛认可。2021 年 4 月，原环境保护部副部长吴晓青在该书序言中，对环境经济学在环境管理决策中的重要作用进行了强调，肯定了该书理论的正确性和将理论与实践应用相结合的融洽度，并推荐高校大学生、研究生教育中用作教材，社会上生态环境管理及技术人员用作参考用书。2021 年 8 月，《环境经济学》被辽宁省环境科学学会评为"辽宁省优秀生态环境培训教材"，并与沈阳工业大学等 5 所高校、辽宁大辽生态环境有限公司等 4 家企业签订了相关合作教学、培训协议。

（2）与教材建设相对应的师资队伍建设成效

近年来，该教材主编、"环境经济学"课程主讲教师宋有涛教授获辽宁省教学成果二等奖 1 项、三等奖 1 项，承担教育部"新工科"建设项目 1 项，教育部产学合作协同育人项目 1 项，辽宁省普通本科高校校际联合培养项目（协同创新）1 项；并先后被评为国务院特殊津贴专家、辽宁省优秀专家；获"兴辽英才计划"科技领域人才、辽宁省学术头雁、沈阳市高层次人才等人才称号；指导本科生科研论文获得全国大学生"挑战杯"竞赛一等奖 1 项，二等奖 1 项。该教材副主编王俭教授，获辽宁省教学成果二等奖 1 项、三等奖 1 项，先后被评为辽宁省高校优秀人才、辽宁省特聘教授、辽宁省创新人才、辽宁省普通高等学校本科教学名师。该教材编委会成员、"环境经济学"课程主讲教师张国徽教授获沈阳市科技进步三等奖 1 项，辽宁省自然科学学术成果奖一等奖 1 项、二等奖 1 项、三等奖 3 项；获辽宁省科协先进工作者、全国环保产业调查先进个人、中国科协先进工作者、人社部先进工作者等称号。

（3）与教材建设相对应的课程建设成效

"环境经济学"教材及其所承载的环境经济学课程内容体系，是以国际工程专业教育认证为基础，在过去 7 年中不断地教学研究、实践和改革中形成的。教材进入环境经济学课堂以来，丰富了课程资源，使教师在课堂上有了挥洒自如的好武器，使学生有了灵活学习的好兴趣，其以二维码为特征的新形态教材模式大大拉近了教学与实践的距离，课堂活跃度显著提升，科研和实际案例中复杂的文工问题，极大地提升了学业挑战度，使得学生课下必须花费 1～2 倍的时间投入学习、思考和研究，全面增强了学生的独立思考能力和创新思维。近 5 年来，依托该教材教学内容，辅导员霍丹老师带领学生获得共青团中央的"线上三下乡，扶贫我先行"优秀新媒体传播团队奖、全国级专项社会实践、乡村暑期社会实践活动优秀团队等十余项国家、省市级奖励，其本人也被评为辽宁省高校辅导员年度人物、全国"大学生在行动"生态环境科普活动优秀指导教师、第四届全国大学生环保知识竞赛优秀组织者、"天翼"进乡村活动优秀指导教师，并获得教育部"第十一届高校辅导员年度人物"入围奖。

10.2.3 岫岩满族自治县牧牛镇废弃蘑菇棒真实问题的提出和解决方案

10.2.3.1 真实问题的提出

2018 年 3 月，辽宁大学按照省委、省政府部署，选派了第一批干部到乡村工作，单炜军副教授开始进驻辽宁省岫岩满族自治县牧牛镇开展脱贫攻坚工作。牧牛镇拥有中国食用菌协会授予的"中国香菇之乡""中国食用菌特色小镇"的美誉。作为香菇生长基的蘑菇棒其主要成分是木屑、麦麸、石膏和菌粉，虽然其只有 6~7 个月的生长周期，但当每年牧牛镇以 15 万 t 的新鲜香菇营销全国各地时，小小的牧牛镇就会产生 1.5 亿段废弃蘑菇棒，这些废弃蘑菇棒或沿河丢弃或焚烧处理。除牧牛镇以外，全国绝大部分种植香菇的地区对废弃蘑菇棒的处理方式均是如此。这些被沿河丢弃的蘑菇棒只能等到汛期来临时被洪水带入大江大河，造成了河湖海中水体污染和生物污染。被焚烧处理的蘑菇棒因含石膏等成分使得燃烧不充分，进而产生了大量的烟尘，造成严重的空气污染。这样的资源浪费、环境污染，与我们国家所提倡的"构建全社会共同参与的环境治理体系，让生态环保思想成为社会生活中的主流文化"的思想相违背。如何"变废为宝"将废弃蘑菇棒实现价值转换，解决资源浪费和环境污染，赋值绿水青山的真实问题就这样出现在我们的面前，迫不及待地需要我们去面对和解决。

10.2.3.2 真实问题的解决方案和取得成效

（1）发挥环境化学学科优势，将教育教学与科学研究并进

组织学生开展废弃蘑菇棒真实问题的讨论、研究和实践。例如，学生自行设计了"由氨基离子液体修饰的 3D 蘑菇棒气凝胶（其生产流程见图 10-1），用于对水环境中放射性核元素锝的选择性分离和富集"。该产品不仅能够快速高效地选择性吸附金属锝离子和其他重金属离子，而且具有易携带、易回收的优点。该技术不仅是对废弃蘑菇棒资源的高价值利用，而且在使用过程中不会产生二次污染。

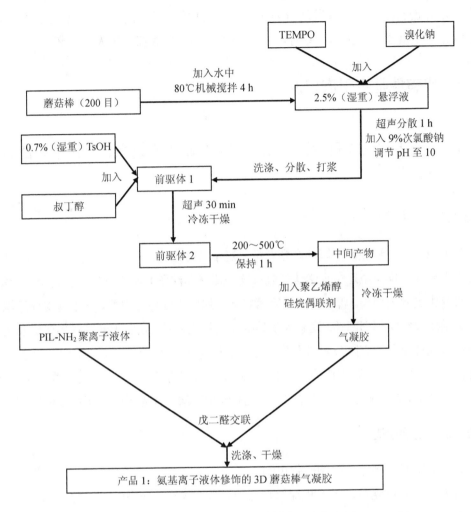

图 10-1　氨基离子液体修饰的 3D 蘑菇棒气凝胶生产流程（王月娇绘制）

（2）充分利用高校资源优势，校地合作，校内校外协同发展

在对这一真实问题的研究过程中，辽宁大学驻牧牛镇教授工作站正式揭牌成立，"辽宁大学与牧牛镇合作研究废弃蘑菇棒的处置及再利用"项目，被列入拟定开展的重点合作项目之一。面对废弃蘑菇段的真实问题，该项目充分体现出发挥高校科研力量的优势，促进学研产成果在农业生产一线迅速转化，促进农业产业的良序发展，从而提高贫困地区的财政收入和居民收入，助力乡村振兴。

（3）拓展空间，以赛促教，探索素质教育新途径

学生们选择基于蘑菇棒改性，用于废水治理的产品，参与了"互联网+"大学生创新创业大赛，这一创新创业教育成果经过校内的激烈竞争，脱颖而出，获得了辽宁省"互联网+"大学生创新创业大赛主赛道银奖的优异成绩。在解决废弃蘑菇棒真实问题的同时，

有利于培养创新型人才，激发创新创业热情，让化学专业的学生形成尊重自然、爱护自然的绿色价值观念，让天蓝、地绿、水清深入人心，形成深刻的人文情怀。

10.3 代表性师生引育案例

10.3.1 张万权（本科生）：以青春之我耀青春之光，继续书写践行青春使命

10.3.1.1 学生简介

张万权，男，满族，中国共产党党员，辽宁省鞍山人。本科毕业于辽宁大学环境学院环境工程专业，推免至辽宁大学法学院攻读法律（非法学）硕士学位，任辽宁大学第二十三届研究生支教团团长。曾任环境学院第二十一届团委学生会主席、学生党支部组织委员，辽宁大学团委组织部副部长，辽宁大学乒临辽大社团社长，辽宁大学绿舟环保协会负责人，沈阳德塞克环保科技有限公司法人等职务。本科期间获评"辽宁省优秀大学生党员""辽宁省优秀毕业生""沈阳市优秀大学生""辽宁大学优秀共产党员""辽宁大学优秀共青团干部""辽宁大学毕业之星""辽宁大学优秀学生干部、优秀团员、优秀志愿者"等荣誉。

10.3.1.2 主要事迹

（1）追随时代潮流、引领时代思潮

身为一名共产党员，张万权深知自己的责任与义务，参加辽宁大学"青年马克思主义者"培养工程与各学院同学交流分享经验。作为学院学生党支部组织委员，他多次组织学院党员、团员代表参观爱国主义红色基地开展主题思想教育活动，其组织的"青春心向党、建功新时代"抗美援朝烈士陵园祭扫活动于清明节当天在央视新闻网进行网络直播。党的十九大期间，他认真学习会议精神，努力成为先进思想的积极传播者，作为班级团支部副书记，他积极参加各类党团活动，组织策划团支部"十九大团日定向越野跑"、参观"玖伍文化城"、参观"周恩来少年读书旧址"等活动。建党 100 周年之际，作为"百个支部学百年党史"活动的毕业生代表受到新华社宣传报道。

（2）博学而笃志、切问而近思

在校期间，张万权曾获校二等奖学金 3 次，三等奖学金 3 次，综合成绩名列前茅。在理论学习的基础上，他把自己的知识应用在实际中，现拥有国家专利 2 项。他积极投身双创浪潮，积极参与学术科技类竞赛项目，曾获 2018 年"创青春"辽宁省大学生创业大赛铜奖、2019 年挑战杯辽宁省课外学术作品竞赛三等奖、2020 年"创青春"辽宁省大

学生创业大赛二等奖；他带头研究的大创计划项目被评为国家级项目，在辽宁大学"2018年大学生创新创业项目"项目成果展中被评为"我最喜欢的项目日志"。

（3）攻坚破难、工作成效突出

张万权同学自大一开始就在学校各级学生组织中担任主要学生干部，曾任2017级环境工程班长、校学生会团委组织部副部长、环境学院第21届学生会主席，工作能力在实践中得到了充分的历练，他始终牢记自己作为学生干部的使命，在工作中认真负责，脚踏实地。在辽宁大学校学生会改革中准确汲取中央、省市、校级团委指导精髓，在学生活动中听取广大大学生意见，不断改革完善团委组织部人员机构，经过一年的改革基本实现部门人员精简、职能进一步完善的目的。他引领学院学生会进行的"破冰行动"达到了增强部门间的交流合作、细化分工的目的。所在班级、团支部在他的带领下荣获辽宁大学优秀班级、先进团支部的称号。大学期间3次荣获辽宁大学优秀学生干部称号。

（4）实践奉献之旅不熄

作为一名从省级贫困县走出来的大学生，张万权决心为决胜全面小康奉献青春正能量，做勤于圆梦的青年志愿者。2018年暑期，他联系到鞍山市岫岩满族自治县龙潭乡，组织团支部同学开展"美丽中国乡村河流污染情况考察"实践活动，并将其调研成果在中青网进行发布，为农村水源地的保护宣传工作尽了一份绵薄之力；2019年暑期，他组建"增彩新时代美丽中国乡村服务实践团"，前往丹东汤池镇进行农村垃圾分类调查、普及垃圾分类知识，在当地群众中反映良好，以其实践为原型撰写的社会实践报告获得"辽宁大学毛泽东思想和中国特色社会主义理论体系概论"课程一等奖，同时期，其作为辽宁大学绿舟环保协会的主要负责人组建的"绿舟环保科普小分队"获得"全国大学生在行动十佳示范小分队"称号；2020年春节返乡后，他第一时间前往辽宁省鞍山市岫岩满族自治县朝阳乡暖泉村请缨参与疫情防控志愿服务，做好"返家乡"社会实践工作，彰显了当代青年的精神面貌和责任担当；2021年暑期，他组建"三下乡青春无疆百年党史宣讲团"全国重点团队赴新疆基层开展"红色教育""党史宣讲""普通话普及"等主题社会实践活动。大学4年来他还积极呼吁、组织身边的同学到学校周边的社区、小学进行志愿清扫、志愿科普、志愿宣讲等活动累计10余次，力所能及地为身边的社区建设贡献自己的一份力量。除此之外，他还累计参加省级、校级志愿活动40余次，包括"辽宁省青少年科技节""第七届辽宁省心理咨询大赛""北方环境论坛""辽宁大学建校70周年校庆""中俄建交70周年""辽宁大学新年音乐会""辽宁大学第七届杏坛乐府银杏节"等一系列志愿服务。毕业之际，他毫不犹豫地选择在脱贫攻坚决胜之年前往祖国西部成为一名支教教师、一名为决胜全面小康奉献青春正能量、勤于圆梦的青年志愿者。

（5）为西部教育事业贡献青春力量

"用一年不长的时间，做一件终身难忘的事。"2021年9月，张万权带领辽宁大学第

23 届研究生支教团来到了新疆巴州博湖中学,开启了他们的支教生活。作为一名西部计划的志愿者,抵达新疆服务地后,他第一时间就到社区报道,参与新冠肺炎疫情防控志愿服务工作。目前,正在新疆巴州博湖县服务地开展"党史红色教育""手拉手民族大团结"等主题志愿活动,让青春在党和人民最需要的地方焕发绚丽光彩。同时,作为一名初二数学老师登上讲台前的他,内心是忐忑的,能否调动孩子们的积极性?如何让课堂生动有趣?通过不断地听课、评课及教研讨论,他对课堂的教学脉络越来越清晰,把握课堂节奏的能力不断增强。站在三尺讲台上的那一刻,他真正感受到了教书育人的责任。看到台下 40 多双求知若渴的眼睛,他也真正体会到了教师的使命感和职业幸福感。

从祖国的东北到西北,他相信他找到了一条正确的路,作为辽宁大学第二十三届研支团团长,他决心将好事做得更好。作为一名基层青年党员志愿者,他定会坚定信仰、勇担使命、不忘初心、用心服务,让梦想和希望的光芒在学生心底生根发芽,让青春在奉献中焕发绚丽光彩!

10.3.2 耿瑞(本科生):长风破浪历险阻,砥砺前行求真知!

10.3.2.1 学生简介

耿瑞,女,汉族,中国共产党预备党员,1999 年 8 月出生,河南省周口人。本科毕业于辽宁大学环境学院环境工程专业,被推免至同济大学环境工程专业攻读硕士学位。曾任辽宁大学第 47 届校学生会文明礼仪部副部长、环境学院第 21 届学生会学研部部长。本科期间,她始终秉承并践行"明德精学,笃行致强"的校训精神,在专业学习、科研竞赛、志愿实践等多方面取得优异成绩,曾获国家奖学金、国家励志奖学金、辽宁省政府奖学金,并连续 6 次获得校一等奖学金,曾获"挑战杯"辽宁省大学生创业计划竞赛银奖和大学生课外学术科技作品竞赛三等奖、辽宁省"互联网+"大学生创新创业大赛铜奖、全国大学生环保知识竞赛优秀奖、辽宁大学本科优秀毕业论文等荣誉,被评为"辽宁省优秀毕业生"。

10.3.2.2 主要事迹

(1)于思想中与日俱进

"问渠那得清如许?为有源头活水来"。在思想上,耿瑞积极主动地学习党的理论知识,关心时事,严于律己,有奉献意识,具有优良的道德品质。作为一名学生党员,她能够发挥先锋模范作用,积极踊跃地参加各类党团活动,曾前往中共一大会址、周恩来少年读书旧址等地参观学习,曾荣获"毛泽东思想和中国特色社会主义理论体系概论"实践活动二等奖。特别是在 2020 年新冠肺炎疫情期间,她带头担当履责,带头遵规守纪,带头落实防控政策，主动参加志愿服务，主动学习党员们在新冠肺炎疫情中的先进事迹，认真聆听全国大学生同上一堂疫情防控思政大课，充分展现了作为当代青年的责任与担当。通过这次新冠肺炎疫情，她愈加坚定了自己的选择，她将以主动请缨前往抗疫一线的党员同志为榜样，为实现中国梦奋斗终身。

（2）于学业中孜孜不倦

"千淘万漉虽辛苦，吹尽狂沙始到金"。耿瑞深知学习是学生的第一要务，尤其作为一名当代大学生更应具备扎实的专业知识与技能。在学习方面，她勤奋刻苦，热爱钻研，注重学习效率，科学安排学习时间。本科期间，她在历次考试中均列专业第一，连续 6 次获得校一等奖学金，并荣获国家奖学金、国家励志奖学金、辽宁省政府奖学金，进而成功被保送至同济大学攻读硕士研究生，成为周围同学争相学习的楷模。在专业课的学习之余，她从不同方面拓宽知识宽度，顺利通过了大学英语四六级考试、国家计算机二级考试，并考取了普通话二级甲等证书。她经常与周围的同学进行交流与沟通，实现互帮互助式学习，并且在她的带动和影响下，其所在的班级学习气氛浓厚。新冠肺炎疫情期间，她主动响应"停课不停学"的号召，时刻保持自律，利用网络平台，圆满地完成了学习任务。她始终把学习放在第一位，虚心向老师、同学请教，拓展专业知识面，努力向"高层次、高素质的复合型人才"发展。

（3）于科研中厚积薄发

"天行健，君子以自强不息"。在知识经济的浪潮冲击下，耿瑞深知提高创新意识和培养实践能力的重要性，因此，她积极参与到各类创新创业项目中去，在科创道路上奋勇向前，以学习真学问、练就真本领。大一时期，她跟随学长参与"洗浴废水回用于洗车行业的再生系统研究"课题，从查阅文献和翻译文献到数据分析、优化方案，逐渐迈入科研的大门，培养了初步的科研能力；大二时期，她作为负责人参与"一种复合型空气净化照明装置"大创计划项目，对室内空气中污染物及现有的室内空气净化装置效能进行分析，设计方案，深入研究，自学 CAD 等软件，最终被授权国家实用新型专利 1 项，这一经历使她对科研迸发出强烈的兴趣，并且对环境领域有了更为深刻的认识；大三时期，她再次作为负责人参与"一种提高树木移植成活率的根坨保护方法"大创计划项目，利用课余时间进行试验，由浅入深，并以第一发明人的身份申报国家发明专利 1 项，最终该项目获得国家级立项；大四时期，她积极实验，认真完成毕业论文，所撰写的《罗丹明酰肼铜离子检测试剂的研发》被评为 2021 届辽宁大学本科优秀毕业论文。此外，她曾在第十二届"挑战杯"辽宁省大学生创业计划竞赛中获得银奖，在第十四届"挑战杯"辽宁省大学生课外学术科技作品竞赛中获得三等奖，在第五届辽宁省"互联网+"大学生创新创业大赛中获得铜奖，在第四届全国大学生环保知识竞赛中获得优秀奖，其余校级奖项 13 项。

（4）于实践中身体力行

"行是知之始，知是行之成"。作为一名学生干部，耿瑞勤勤恳恳、兢兢业业，争取在平凡的工作中做出不平凡的成绩。作为文明礼仪部的一员，她曾组织参与"辽宁大学新年音乐会""辽宁大学国学经典诵读比赛""辽宁大学校园合唱比赛"等活动，始终以全心全意服务于全校广大师生为根本宗旨；作为朋辈导师，她竭尽所能地帮助学弟学妹们解决学习和生活中的问题。在社会实践方面，她曾于 2020 年 10—12 月在辽宁华一检测认证中心实习工作，担任实验室助理，用心将所学专业知识应用到实际中，并获得所有同事的一致好评。此外，她还曾积极参与各类志愿服务活动，曾担任中国环境科学学会"大学生在行动"志愿者、"60+地球一小时"活动志愿者、辽宁大学建校 70 周年校庆志愿者，曾志愿前往多所小学宣讲环保知识，曾前往养老院及社区进行送温暖活动。在抗击新冠肺炎疫情期间，她勇于承担时代重任，志愿为援鄂医务人员子女线上授课，为疫情做出自己的努力，让医务工作者在前线无后顾之忧，竭尽自己所能为社会做出贡献。这些社会实践活动，不仅开阔了她的视野，帮助她更好地认识社会，而且进一步提升了她交流沟通的能力。在社会服务中，她充分发挥青年主力军的作用，以自己的实际行动展示了当代中国大学生的风采！

习近平总书记曾在党的十九大报告中强调指出，"青年兴则国家兴，青年强则国家强。青年一代有理想、有本领、有担当，国家就有前途，民族就有希望"。耿瑞始终牢记总书记嘱托，勇担时代所赋予当代大学生的光荣使命与担当。她积极进取，志存高远，把个人梦融入中国梦中，努力在推动实现中国梦的过程中成就个人梦想，让青春在梦想中不断成长。

10.3.3　刘冠宏（研究生）：在时代的铿锵中不断更新，点燃青春之火！

10.3.3.1　学生简介

刘冠宏，女，汉族，共青团员，四川省成都市人。硕士毕业于辽宁大学环境学院环境工程专业，现为中国华东理工大学与法国雷恩国家高等化学院联合培养博士。硕士期间曾任辽宁雷易环境科技有限公司法人职务，获评"辽宁大学优秀硕士毕业论文""辽宁省普通高等学校优秀毕业生""辽宁大学赴台湾东吴大学优秀访问学者"等荣誉。

10.3.3.2　主要事迹

（1）追逐梦想，万事开头难

2015 年 9 月的沈阳，正值秋高气爽，刘冠宏带着对美好未来的憧憬，正式成为环境学院的一名研究生，并有幸加入到宋有涛教授课题组，主要研究方向为碳量子点制备及其在水体中重金属快速检测的应用研究。在校期间，她综合成绩名列前茅，曾获校二等奖学金2 次、校文艺大赛优秀奖 2 次、校一等优秀毕业论文、省优秀毕业生等荣誉。天才就是 1%的灵感加上 99%的汗水，为了这 1%的灵感，下课后她马不停蹄地从教室赶回办公室大量阅读中英文论文，思考研究自己的课题，并常与导师探讨课题，不断寻求所学方向科研创新点。然而科研之路并不是随随便便就能成功的，从实验设计，到学习不同实验仪器的使用，花费数月才正式开展自己的实验课题，在得到实验数据后，频繁地跟导师分析与讨论实验结果，一遍遍打磨并修改论文手稿。为了使更精密的仪器获得更好的材料表征，她经常独自一人前往吉林长春应化所预约测样。在后期论文投稿过程，遇到过编辑认为不符合该杂志主要兴趣，或者审稿人提出意见，这些拒绝与难题让初出茅庐的刘冠宏备受打击。但从小在黑龙江大庆长大的她，心里牢记铁人精神。在刘冠宏坚持不懈的努力下，在导师严厉又不失鼓励的指导下，在合作导师王君教授深沉而又慈爱的帮助下，刘冠宏以第一作者发表中文 EI 论文 1 篇，SCI 论文 3 篇，并把自己的知识应用在实际中，申请国家专利 2项。除了科研实验方面，还积极参与学术科技类竞赛项目，曾以"智能阳台绿植设计"获2018 年辽宁省大学生科技创新大赛优秀奖。在导师的带领下，2016 年参与兴城菊花岛开发建设新农村、打造旅游城市的城市规划项目；2018 年参与了导师主持国家重大科技专项的项目调查与报告撰写，这也是辽宁大学历史上首个国家科技重大专项。满地翻黄银杏叶，忽惊天地告成功，3 年辽宁大学生活，看着银杏路上的银杏叶在深秋萧萧飘落，在初春发芽又再次绿意盎然，正如这生生不息的自然更替，她也在辽宁大学的 3 年生活中不断优化，完善自己，实现人生一个又一个小目标，不断地突破自我。

（2）厚积薄发，事事要躬行

刘冠宏自硕士毕业后，凭借着扎实的科研能力与优异的成绩申请考核到华东理工大学就读博士学位，主要研究方向为全氟化物在土壤中的迁移表现以及其污染水体与土壤中的修复。刘冠宏同学在博士就读期间，秉持着辽大人"明德精学，笃行致强"的精神，在学业上更加严谨求实，目前以第一作者身份在 *Chemical Engineering Journal*、*Journal of Hazardous Materials* 以及 *Science of Total Environment* 上发表 3 篇 SCI 论文，并有 3 篇论文分别投稿在 *Environmental Science and Technology*、*Journal of Hazardous Materials* 和 *Water Research* 上，目前均在审稿中。发表专利两篇《一种电活化过硫酸盐耦合微生物处理石油污染土壤的泥浆反应方法》《一种匀化传质电场——电热传导耦合修复有机污染低渗透性土壤的方法》。在 2020 年秋季，参与指导大学生创业竞赛，获得华东理工大学校团委组织的第十二届"挑战杯"上海市学生创业计划竞赛铜奖。"多交流，多学习"才能碰撞出更多的灵感。除校内科研工作外，她还积极参与学术会议，2019 年在香港理工大学参与可持续城市发展论坛；2020 年，在吉林长春中科院举办的首届国际化学学术论坛，投稿摘要并参与汇报；2021 年，参与了由清华大学举办的第十四届全国博士生学术会议，做口头汇报并荣获证书。2018 年，参与了上海市环境科学研究院组织的"全国第二次污染源普查项目"，主要负责区域为上海市金山区化工厂园区；2020 年，参加国家重大课题专项"场地土壤污染成因与污染技术"，配合完成由博士导师林匡飞教授主持的课题一"废旧电器拆解场地及周边污染区水体-土壤中有机污染物和重金属迁移过程与通量研究"的项目，主要负责操纵无人机，拍摄并记录电子拆解园区的结构位置，布点采样调查拆解园区内以及园区周边不同范围的污染程度，根据重金属和多溴联苯类有机污染物的迁移，构建模型预测污染物随时间和空间的变化。2020 年，作为第七届土壤与地下水学术研讨会主办方工作人员，配合林匡飞教授完成在江苏泰州主持会议的工作。尽管出差的地点多为化工厂，电子废弃拆解场及周边农村，荒无人烟，吃住条件差，环境极其恶劣，但她并不把自己当女孩子看待，而是秉持着科研人员吃苦耐劳的敬业精神，与队友合作，跨越了一座又一座小村庄，完成了一份又一份场地调查。

（3）无惧无畏，矢志科技报国

科研的魅力就这样深深地吸引着这位科研学子，出国留学也成为刘冠宏心里小小的愿望，2019 年 4 月通过申请审核，刘冠宏获得了由法国教育署颁发的奖学金，在法国克莱蒙费朗大学进行了为期 3 个月的暑期交换项目，正是这个偶然的机会，让她对现在在环境方面所应用的"高级氧化，催化降解技术"产生了浓厚的兴趣。回国后，她更加发奋图强起来，利用热活化的技术，催化活化过一硫酸盐降解水中具有致癌性、顽抗性的全氟辛酸。虽然刘冠宏已经达到了博士毕业的基本要求，但她并没有自满，而是决定更加努力地去突破自己，于是她决定再次联系国外的导师，申请国外留学。2021 年 2 月，她便收到了法国雷恩高等化学院 Khalil Hanna 教授的邀请，在这举家团圆喜庆热闹的春节里，刘冠宏已经开始默默地收拾起了行李箱，她不顾新冠肺炎疫情时期的种种困难，再次去往法国开启科研之路。2021 年 7 月，刘冠宏获得了国家留学基金委颁发的奖学金，让她能够在海外不用顾及温饱以及生活问题，可以更好地把精力投入到学习中去。为了不辜负国家留学基金委对她的信任，不辜负父母的期许，不辜负老师的鼓励，她在抵达法国后便迅速开展了科研工作，研究近年来有机污染物全氟辛酸的新型替代物 GenX 在土壤中迁移转化的过程，并提出及时有效的防控手段。受到她硕士导师宋有涛教授的影响，海外留学数十载，发表论文数十篇，把一切思乡之情都化作努力的动力，她也更加地努力着，希望自己能够青出于蓝而胜于蓝！

一代代中国学子远赴西洋，归国后用知识的力量为国家的发展、科技的进步做出贡献。作为辽宁省的优秀毕业生，她深深地爱着这片养育过她的土地，爱着她的祖国；作为生命共同体，她希望能在她小小的身躯里爆发更大的力量，为中国环保事业贡献一份力量。不忘初心，砥砺前行，乘风破浪，义无反顾。就让这份青春的力量，点燃青春之火，矢志科技报国！

10.3.4　范冰（研究生）：传播时代新思想，领航争做新青年

10.3.4.1　学生简介

范冰，女，蒙古族，中国共产党预备党员，内蒙古赤峰市人。本科毕业于辽宁大学环境学院环境生态工程专业，硕士毕业于辽宁大学环境学院环境工程专业，现为辽宁鞍山千山区委政法委工作人员。曾任环境学院 2018 级研究生会副主席、2018 级环境学院学习委员。硕士期间获评"辽宁省 2021 届普通高等学校优秀毕业生""2020 年沈阳市优秀研究生""辽宁大学 2021 年优秀研究生干部、优秀团员、优秀志愿者"等荣誉。

10.3.4.2　主要事迹

（1）树立远大理想，勇担历史使命

天下之本在于国，国之本在于家，家之本在于身。作为一名新时代青年，更是一名预备党员，范冰面对责任与任务从未松懈，作为研究生会成员，组织同学参加学校、学院各项集体活动，多次获得各类奖项；参与和负责学院网站建设和编辑美化工作；参与和负责研究生复试、新生入学以及研究生学位论文答辩等工作。她始终牢记自己作为学生干部的使命，在工作中认真负责，脚踏实地，其组织的"不忘初心，廉洁自律"主题教育活动，通过观看纪录片、警示片、音乐汇、设立阅读室、开展书画展、专题宣讲会、科研诚信座谈会等多种形式，以廉政文化建设助力新时代大学生廉洁成长。她能做到时刻以新时代社会主义核心价值观来严格要求自己，坚持自我检查与自我反省，不断提升自我道德水准。

（2）掌握专业知识，提升自身本领

在校期间，范冰连续 3 年获得辽宁大学硕士研究生二等学业奖学金，拥有国家专利 2 项，以第一身份公开发表论文 2 篇，参与国家自然科学基金资助项目，参与"第十届全国环境化学大会"并做分会场口头报告，参与"辽宁省生命科学学会第六届生命与水和谐战略论坛"并做会议报告，同时获得论坛征文三等奖。在做好专业研究的同时，该生积极参与学术科技类竞赛项目，曾带队获得"2018 年沈阳大学生科普创意创新大赛"二等奖。该生具有较高水平的综合能力素质，具有良好的自学能力和探索精神；在科研工作中，踏实细致，具有清晰的思路，能够独立思考和解决问题，科研任务完成较好，对于自身专业以外的知识，能够保持求知的心态去了解与探索，以此来提升自我的整体素养，促进个人的全面发展。

（3）培养创新能力，磨炼意志品质

2019 年，范冰到内蒙古乌兰察布市林业产业化办公室做见习实习生，将专业知识运

用在工作中，负责调研乌兰察布市集宁区林业产业化企业及个人产业情况，并汇编林业产业化现状宣讲册，组织企业和个人参与线上、线下宣传供销；参与产业化办公室年底下乡扶贫等工作。

如今，她在鞍山市千山区委政法委工作，负责千山区社会治理现代化城区创建工作，为建设更高水平的千山贡献自己的力量。

10.3.5 吴倩倩（研究生）：若不给自己设限，则人生中就没有限制你发挥的藩篱！

10.3.5.1 学生简介

吴倩倩，女，汉族，共青团员，辽宁丹东人。本科毕业于辽宁石油化工大学环境学院环境工程专业，辽宁大学环境学院环境工程硕士研究生。辽宁大辽生态环境有限公司法人职务。2018年获得辽宁省环保产业联盟首届大学生创新大赛一等奖、辽宁省第七届"互联网+"大学生创新创业大赛校内二等奖，本科期间获评"优秀团员、优秀志愿者"等荣誉。

10.3.5.2 学生简介

（1）自强不息，创建公司

吴倩倩在就读期间，勇于挑战自己，希望用自己的能力，将平日所学的理论知识，在实践中加以检验与利用，闯出一份事业。人生难得几回搏，此时不搏何时搏？与其羡慕别人翱翔的雄姿，不如造就自己坚实的双翼。于是，在学校的扶持与老师的指导下，她在辽宁大学建立了自己的环保团队，并以此为基础进行初步规划，成立环保公司，希望用自己所学的知识，从小事做起，从身边做起，能为环境保护贡献出自己的一份力量。在参考了众多大学生创业成功案例之后，该环保公司正式成立，她积极承担法人职务，股东以及员工也全部都是在校研究生。纸上得来终觉浅，绝知此事要躬行，他们在平衡好学业和事业的过程中，将所学的知识，变成了创业的资本。虽然经历了艰难险阻，但大家团结一致、积极沟通，努力寻求解决问题的方法，克服了困难并取得了一定的成果。

（2）推陈出新，研发口罩

2020年，新冠肺炎疫情的暴发给面临复杂内外部环境挑战的中国经济带来极大的外部冲击。给人民生活带来极大不便的同时，各种物资也极度短缺，尤其是医疗物资方面，如防护服、护目镜、口罩等。一方有难，八方支援，吴倩倩及其所在的公司团队，想要为控制疫情尽一份自己的力量。在她公司团队进行了大量的资料查找与社会调研工作后，发现目前市面上大部分在销售的口罩都最多只能将细菌及病毒阻挡在口罩外侧，不能分解有害物质。大约 20 min，一个普通口罩就会变成一个传染源，口罩使用寿命不长且大部分人都不会经常更换口罩，甚至重复使用，这样根本不会起到隔离防护的作用。此时，她团队的指导老师——宋有涛老师提出了一个想法：我们是否可以利用光催化技术，去制作一种光触媒口罩，延长其使用寿命。此想法一经提出，立刻得到大家强烈的响应，这无疑为团队的科研方向及口罩生产行业点亮了一盏明灯。她及其所在的公司团队立刻着手查找并收集资料，积极投身到研发口罩的工作中去。

（3）潜精研思，实现产品

经过大量的文献阅读后，吴倩倩及其所在公司团队发现纳米二氧化钛是一种化学性质稳定、耐酸碱性好、对生物无毒无害的新型半导体材料，也是目前最广泛应用的光催化氧化材料，但由于二氧化钛对可见光吸收较差，导致光催化杀菌能力弱。所以，她及其所在的公司团队制备了混合晶型纳米二氧化钛作为光触媒过滤层，由于金红石相的存在，使得锐钛矿相的晶型错位现象更加明显，从而能够吸附更多的氧分子来获得捕获电子的机会，增强光催化杀菌效果。光触媒口罩在市面普通口罩的基础上添加了光触媒过滤层，可以分解一部分有害物质。同时，口罩内侧的光触媒过滤层也在时刻分解着口腔鼻腔呼出气体中的细菌，可以有效避免二次污染及交叉感染。此光触媒口罩在使用过程中不会产生新的可吸入颗粒物，对皮肤无刺激和伤害作用，适用于医护人员、病人或者普通健康人群。该口罩的光触媒过滤层，制作简单且成本低，易于工业化生产，其本身的化学性质稳定且对人体和环境无害，光催化杀菌效果较好。本研究成果主要为光触媒技术领域，通过此工作的开展开发光触媒口罩的研究，已申请 1 项专利，并开发出产品，销售万余件，取得了良好的经济和社会效益。

10.3.6 马雪（研究生）：脚踏实地逐梦远航，求索之路永不停息

10.3.6.1 学生简介

马雪，女，满族，中国共产党党员，辽宁葫芦岛人。硕士毕业于辽宁大学环境学院环境工程专业，现于北京大学城市与环境学院地理学（环境地理学）攻读博士研究生。在辽宁大学读研期间，荣获辽宁大学研究生"优秀科研一等奖"、辽宁大学"优秀研究生""沈阳市自然科学学术成果奖一等奖""辽宁省自然科学学术成果奖一等奖"，硕士毕业论文荣获"辽宁大学 2019 年优秀硕士学位论文一等奖""2019 年辽宁省优秀硕士学位论文提名论文"。在北京大学攻读博士研究生期间，荣获"北京大学优秀科研奖""北京大学三好学生"等荣誉。发表 SCI 收录论文 14 篇，获授权国家发明专利 4 项。

10.3.6.2 主要事迹

（1）笃行致远的科研之路

在硕士入学前，马雪的科研履历几乎是白纸一张，她对自己在硕士阶段能否做好科研欠缺自信。刚进入课题组之初，她曾迷茫和不知所措，但她并未被眼前的困难羁绊住前进的脚步，而是积极寻找方法摆脱困境。在确定好研究课题后，积极阅读文献，记录下突然产生的想法，通过不断地和老师讨论问题突破自己的思维定式，并将好的创新点应用于实验当中。她充分发挥主观能动性与导师的指导相结合，无时无刻不在汲取知识的养分。硕士研究生的三3年中在 *Chemical Engineering Journal* 等杂志发表国际 SCI 论文 9 篇，其中第一作者 3 篇。并在硕士期间申请国家发明专利 5 项，其中授权专利 4 项。以优异的学习成绩以及丰硕的科研成果连续两年荣获辽宁大学研究生"一等学业奖学金"。出于对科研的喜爱，她在硕士毕业后坚定地选择继续读博士深造。通过申请考核制被北京大学城市与环境学院录取为博士研究生，由硕士时的环境工程专业转为地理学（环境地理学）专业。来到了新的环境，新的课题组，她不断挑战自己，选择独自一人开展新的研究方向。从购置仪器开始，开启了新的科研征程。经历过独自一人在科研楼从深夜到黎明的孤寂，也品尝过多次实验失败彷徨无助的心酸。但她相信，所有的困难都是暂时的，只要坚持不放弃，终会迎来胜利的曙光。经过不断地努力与尝试，在博士前两年的时间里，以第一作者在中科院一区 *Applied Catalysis B: Environmental* 和 *Chemical Engineering Journal* 期刊上发表 SCI 论文，并以共同作者身份在 *Journal of Colloid and Interface Science* 等期刊发表 SCI 论文。以综合测评年级第三的优异成绩获得"北京大学松下奖学金""北京大学三好学生"等荣誉称号。受邀参加 Elsevier 主办的"International Conference on Sustainable Technology and Development 2021"会议，并做口头报告。受到美国化学会（ACS）在中国的战略和科学发展总监邀请参加 2022 年 ACS 春季年会，向会议提交摘要，并做口头报告。

（2）在专业领域尽微薄之力

作为一名环境专业的学生，她始终铭记自己的使命和职责，发挥专业所长，为环境领域尽一己之力。在本科时，作为团支部书记，她每个月都会组织开展环保主题团日活动，曾组织团支部同学到沈阳中街宣传环保，为行人讲解日常环保小妙招，并在条幅上签字，获得了沈阳工业大学"十佳主题团日活动"。以优异的学习成绩和大学生创新创业项目获得了第五届格平绿色行动——辽宁环境科研教育"123"工程的资助。在硕士期间，致力于研究含有亚硝酸盐和亚硫酸盐的污水处理。应用绿色无污染的光催化技术将含有亚硝酸盐和亚硫酸盐的废水同时在一个光催化系统中转化为硫酸铵化肥。为缓解碳排放问题，响应习近平总书记提出的"碳达峰，碳中和"，以及国家号召的开发新能源，在博士期间，将研究方向改为应用光催化技术生产氢气和过氧化氢。以此希望能在国家未来控制碳排放的发展中贡献自己的一份微薄之力。

（3）争做全面发展的社会主义接班人

在博士入学初期，她有幸入选为北京大学研究生新生骨干，并加入了研究生新生骨干训练营。科研之余，为全方位提升自我，多次参加思想政治教育专题报告、主题党团日活动、青年榜样分享会、团队素质拓展等活动。并多次加入志愿服务活动，包括"奉献在点滴"校园自行车整理、走进社区教老人融入"e 时代""沿石而上"校园景点志愿讲解等志愿服务活动。参与了海淀区红十字会与北大联合举办的心肺复苏急救培训活动，并取得了北京红十字会颁发的"救护技能证"。她认为应该多参加志愿活动，将服务他人、服务社会与实现个人价值有机结合，树立服务国家、社会、他人的责任意识。"路漫漫其修远兮，吾将上下而求索"，过去的事情已经尘封，广阔天地需要再加把劲儿。在生活与科研中有累有困，也有喜悦。这个过程中有自我的肯定与否定，未来还需要继续努力、继续完善、继续提高。她用她的信念与努力诠释着天道酬勤，凭着她的努力与顽强拼搏，在今后的人生道路上，她会成为她梦想中的人，不忘初心，不被外界喧嚣所迷惑，做一个简简单单、心无旁骛的科研人。同时她也时刻激励自己敢于挑战未知，越战越勇，攀登学术高峰。

10.3.7　本学科教师总体情况

辽宁大学环境科学与工程学科现有教职工 63 人，其中教授 16 人，副教授 21 人。教师队伍中，入选国家"百千万人才工程"第一层次 1 人、"万人计划"领军人才 1 人、"全国创新争先奖"获得者 1 人，国务院特殊津贴专家 2 人，辽宁省优秀教师 2 人，辽宁省特聘教授 3 人，"兴辽英才计划"杰出人才 1 人，"兴辽英才计划"科技创新领军人才 2 人，"兴辽英才计划"青年拔尖人才 2 人，中科院青年创新促进会会员 1 人，全国高校辅导员年度人物 1 人（入围）、辽宁省高校辅导员年度人物 1 人，这构成了真实问题导向下环境科学与工程学科"学科建设-人才培养"一体化办学的骨干力量。代表性教师引育案例扫描二维码可见。

代表性教师引育案例

10.4 代表性产教平台案例

10.4.1 辽宁省环保集团有限责任公司与环境学院校企合作协议书

甲方：辽宁大学

乙方：辽宁省环保集团有限责任公司

一、人才培养

甲、乙双方依据其在师资、设备、基地等优势资源，以多种形式进行人才的联合培养，具体为：

联合培养研究生：甲方可依据硕士、博士研究生导师遴选条件在乙方遴选硕士和博士研究生兼职导师，依托乙方实践基地和实际项目需求，联合培养硕士或博士研究生，通过联合攻关，在解决乙方实际问题和人力需求的同时，实现研究生的培养。

乙方依托其污水处理、危险废物处理处置等工艺设施为甲方提供不同类型的实习岗位，每年接纳甲方一定额度的本科认识实习、生产实习和毕业实习，依据生产实习和毕业实习时间安排和乙方生产实际需求，将实习与生产实践有机结合，实现产学双赢。学生实习上岗前乙方应对实习学生进行相关的安全教育，实习学生应遵守乙方的各项规章制度。实习学生违反乙方的安全规范或私自外出等个人行为造成的一切后果由实习学生自己承担。

甲方依托其高校优势为乙方在环境科学、环境工程、生态学、环境生态工程硕士、博士及研究生课程进修班、资质培训等方面提供服务与便利条件。同时，甲方邀请乙方具有丰富实践经验的高级工程技术人员，阶段性地参与学校的教学计划修改、教材编制、培养方案制定等工作，进而支撑甲方提高学生的动手能力和实践能力。

围绕环境保护与人才培养，进行定期或不定期的专家互动，其互动形式和地点可根据实际情况双方协议确定。

二、科学研究与工程技术创新

发挥甲、乙双方的生产与科研优势，积极组织、协调双方力量形成科研生产联合体，对国家和地方重点工程项目、重大科技项目和高技术产品进行联合投标、联合攻关、联合开发。

围绕乙方企业生产过程中发现的实际问题以及其他内部技术需求，双方进行共同研发和攻关，以解决乙方企业的实际问题；围绕学校现有环保科技自有技术、专利技术等，乙方提供现场实验室、中试基地、生产加工基地等协助继续推广研究，解决技术工程转化中的实际问题。

三、环保服务

围绕乙方环保管家服务过程中基础和专项服务的技术需求，依托甲方在污染环境生态修复领域的学科优势、平台优势、人才优势和相关实验研究条件，开展科技咨询、仪器设备共享、样品测试等工作。具体包括园区重点污染源调查、日常环保问题咨询等基础服务；生态工业示范区建设规划、环境质量现状调查与评价、污染场地调查及风险评估等技术咨询类服务；生活污水处理厂污泥处理处置、污染场地修复、土壤生态修复等治理修复类服务；地表水、地下水、废水和土壤检测等监测检测类服务。

四、附则

1. 双方商定的科技协作项目、实习安排和人才培训，将另行签订专项协议或合同，明确双方的责任、权利和义务，确保各项合作项目能顺利开展。

2. 合作期间双方应加强相互的信息沟通和有效合作，及时向合作方传递技术研发进展及其相关信息，共同保守合作项目及企业的技术和商业秘密。

3. 甲、乙双方合作的项目及其成果由双方共同享有。双方共同享有申报各类荣誉、奖励的权利，申报前须经双方协商确认；共享成果推广效益，其具体比例由甲、乙双方根据实际贡献协议确定。

4. 本协议一式四份，甲、乙双方各执两份，经双方代表签字，并盖章后正式生效，双方遵守有关条款，未尽事宜，可由甲、乙双方协商解决。

5. 本协议合作期限暂定 5 年，从双方签署之日起生效。

10.4.2　辽宁大学文化科技产业发展中心与环境学院共建生态环境产业双创中心协议

为加快实施创新驱动发展战略，立足区域发展需求，开发产教融通的"新工科"人才双创教育实践平台，实质解决"新工科"人才培养供给侧和现代产业需求侧"两张皮"的问题，构建产教融通的"新工科"创新创业培养和综合运行保障机制，同时实现大学国家科技园建设目标，依据《教育部办公厅关于公布第二批"新工科"研究与实践的通知》（教高厅函（2020）23 号）的批复，由辽宁大学潘一山、李淑云、宋有涛、王伟光教授等承担的"产教融通的'新工科'人才创新创业教育实践平台开发与保障（E-CXCYYR20200914）"项目的管理要求及研究内容，辽宁大学文化科技产业发展中心与环境学院依托辽宁大学城市与能源环境国际工程研究院共建"辽宁大学生态环境产业双创中心"（以下简称双创中心）。

甲方：辽宁大学文化科技产业发展中心（以下简称甲方）

乙方：辽宁大学环境学院（以下简称乙方）

双方本着平等尊重的原则，就双创中心共建等有关事宜，达成以下协议：

第一条　共建机构名称

名称：辽宁大学生态环境产业双创中心

甲乙双方均可使用以上名称进行宣传，参与业内各类交流活动。

第二条　建设目标

双创中心将以辽宁大学生态环境创新技术研发与产业化转化为主线，通过集聚、整合、开放、共享校内外创新创业资源，围绕国际、国内当前生态环境产业的技术创新、产业升级需求，着力攻克该领域的共性关键技术，提升生态环境产业作为未来支柱产业的技术水平。力争3~5年内建成本行业省内一流、国内知名、国际有名的生态环境领域前沿技术研发基地、科技成果转化基地、创新创业人才培养基地，打造国内产教融通创的"新工科"人才双创教育实践平台的典范。

第三条　双创中心任务

1. 针对企业及社会中的真实问题，搭建双创服务平台，建设科研支撑基地，组建创新创业团队。

2. 合作开展大学生双创活动，为辽宁大学在校生及毕业生提供创新创业孵化服务。

3. 定期召开行业、产业间的技术交流和项目成果推介会，促进专利技术、科技成果与相关企业需求进行点对点对接，推动政产学研合作做实、做细。

4. 依托双创中心，打造2~3家生态环境类高新技术企业。

第四条　合作基本原则

本协议甲、乙双方仅为合作关系，双方原隶属关系不变。

第五条　双创中心场地

辽宁大学文化科技产业发展中心为双创中心提供场地，使用方式另行约定。

第六条　职责、权利和义务

甲方：协助双创中心孵化的企业办理工商、税务登记注册、财务代账等公司设立、变更或日常管理等相关事宜；提供公共会议室、培训室和其他商务洽谈室等服务；帮助和指导企业申报各级各类科技计划；提供有关科技、经济、法律、政策信息及咨询等服务；提供专利咨询服务，协助办理专利申请；协助申请高新技术企业认定；提供物业管理、治安保卫等后勤服务；提供其他有助于双创中心发展的相关服务。

乙方：授权辽宁大学城市与能源环境国际工程研究院负责双创中心日常管理工作，规范入驻企业遵守国家的有关法律、法规及甲方所制定的有关规章制度；指导双创中心孵化的企业开展技术研发、成果转化、推广应用等相关事宜；联合甲方共同开展大学生双创活动；提供其他有助于双创中心发展的相关服务。

第七条　违约责任

甲、乙双方不得以任何借口违反本协议规定的各项条款。

第八条 免责条件

如发生不可抗力，本协议自然终止，双方互不承担违约责任（不可抗力包括地震、洪水、台风、传染性疾病、战争、罢工、政府征用等甲、乙双方不能预见且不能克服的事件）。

第九条 其他事项

甲、乙双方约定的有关事项必须采用书面形式。口头约定及实际履行情况不能作为本协议变更的依据。

第十条 本协议经甲、乙双方签字、盖章后生效，如有未尽事宜，双方应协商解决并订立补充协议。

第十一条 本协议一式两份，甲、乙双方各执一份，具有同等的法律效力。

10.4.3 辽宁大学城市与能源环境国际工程研究院校企合作共建协议

为适应国家实施创新驱动发展战略的新形势，根据教育部"新工科"建设政策纲领，充分发挥高校人才和资源优势、企业运作机制和效率优势，更好地促进"产教融通"的发展，甲方（辽宁大学）与乙方（辽宁北方陆海环境检验监测有限公司）按照省委、省政府关于加强深化产学研合作，推进产业转型升级，进一步促进科技成果转化和技术转移的意见要求，结合辽宁大学理工科振兴计划，联合共建生态环境领域的"产教融通"校企合作技术研发机构，以"资源共享、创新同步、优势互补、注重实效、共谋发展"的原则，协商制定本合作协议。

甲、乙双方概况

甲方：辽宁大学（地址：皇姑区崇山中路 66 号）

乙方：辽宁北方陆海环境检验监测有限公司（2018 年 9 月由营口鲅鱼圈政府国资委下属企业——营口经济技术开发区北方环境检验监测有限公司与辽宁瑞丰环保科技集团有限公司共同投资设立，属于国企控股的混合所有制企业）

第一条 共建科研机构名称

名称：辽宁大学城市与能源环境国际工程研究院

甲、乙双方均可使用以上中英文名称进行宣传，参与业内各类交流活动等。

第二条 建设目标

研究院将以环保创新技术研发与产业化转化为主线，通过集聚、整合、开放、共享创新资源，围绕国际、国内当前环保产业的技术创新、产业升级需求，着力攻克该领域的共性关键技术，提升环保产业作为未来支柱产业的技术水平。力争 3~5 年内建成本行业省内一流、国内知名、国际有名的环保领域前沿技术研发基地、科技成果转化基地、应用型高级环保人才培养基地，打造国内校企共建研究院典范。

第三条　共建机构职能

1. 以辽宁省环保领域技术创新和加速科技成果转化为核心，以促进省内外环保行业快速发展为目标，以当前实际市场需求为导向，在工业废水和生活污水处理集成工艺及一体化装备技术、环境污染控制材料研发及应用技术、生态环境修复技术、生态环境风险评估与应急管理技术、生态环境损害鉴定评估技术等方向集中开展研发并进行实际科技成果市场化。

2. 2021 年起每年完成 3 个及以上课题的研发或科研成果转化，力争 3～5 年取得一批科技成果，切实产生社会经济效益；同时注重消化吸收国内外生态环境领域先进技术，建设省内一流、国内知名、国际有名的环保技术成果转化基地。

3. 建设生态环境领域产业人才尤其是高层次应用人才培养基地。乙方优先接收甲方博士、硕士、本科生进行短期研究实习、提供研发岗位等并发放补贴：博士生每月提供不低于 2 000 元补贴，硕士生每月提供不低于 1 200 元补贴；本科生每月提供不低于 800 元补贴；乙方每年为甲方提供不少于 50 人次技术培训。

4. 双方将在研究院的合作模式、方案设计、风控措施等方面共同开展研究，尤其在如何促进人才、技术、资本等各类创新要素的高效配置和有效集成，推进产业链、创新链深度融合等方面探索校企共建研究院的新模式。

第四条　双方责任义务

甲方：

1. 甲方环境学院为研究院提供 100 m² 以上专用办公、会议场地，提供 150 m² 以上专用实验场地用于研究院建设。

2. 甲方环境学院为研究院提供 2～4 名科研人员、每年 5～8 名研究生在研究院进行相关技术研发，并每年选派 1～2 名科研人员及研究生到乙方企业兼职。

3. 甲方环境学院为研究院立项科研项目提供实验室设备支持，并将研究课题纳入学院、学校科研计划。

4. 研究院聘任乙方 1 名管理人员担任研究院副院长（兼职），2～4 名技术人员担任研究院研究员（兼职）。

乙方：

1. 乙方为研究院提供实验室建设、办公室建设、管理运行等相关科研经费 200 万元，提供价值 200 万元实验设备供教学科研使用，并协助引进科研项目不低于 600 万元（第一笔建设经费 50 万元在合同签订后 1 个月内打入甲方科研账户，余款在 5 年内分期打入；第一批实验设备在实验室建成 1 个月内完成调试使用，剩余设备在 3 年内完成调试使用），经费管理按照甲方科研经费管理要求进行。

2. 乙方派出 1 名管理人员担任研究院副院长（兼职），2～4 名技术人员担任研究院研究员（兼职）。

3．乙方负责研究院研发的技术装备制造及科技成果市场推广，并定期为研究院提供当前生态环境领域亟须的技术成果信息，对于甲方相关科研成果优先提供资金进行市场转化。

4．乙方为研究院提供 500 m² 以上专用实验厂房、6 000 m² 以上专用实验场地用于研究院中试基地建设。

第五条　机构运行管理模式

1．研究院分别设研发中心和中试基地。研究院建设地点分别由各方提供，甲方负责研究院研发中心建设，乙方负责中试基地建设。

2．研究院实行院长负责制，以研究院学术委员会为科技成果的评审主体，以各研究方向的科研创新团队为技术开发和转化主体，以研究院办公室作为联系主体，建立合理的对接模式和科技成果转化模式。

3．甲、乙双方指派不少于 7 名（单数）技术专家组成研究院学术委员会，负责研究院发展中技术研发与成果转化战略的制定及项目立项评审。其中，甲方应指派至少 4 名（占比 51%以上）副教授（含）以上职称的专家长期担任研究院的学术委员会委员，负责研究院建设及建成后科研项目的技术指导工作。

第六条　成果收益

1．依托研究院由甲、乙双方共同提出进行研发的项目，需另行签订协议，成果归属及市场收益按照具体协议执行。

2．甲、乙双方共同申请国家、省市各类资金支持并获科技经费资助的，由甲、乙双方协商确定项目资金的使用情况。

3．甲、乙双方合作的项目，共同享有申报各类荣誉、奖励的权利，申报前须经双方协商确认。

第七条　其他

1．本协议一式六份，甲、乙双方各执三份，具有同等法律效力。

2．本协议有效期十年，自签订双方签订之日起生效，协议未尽事宜由共建方友好协商解决。

第 11 章

真实问题导向下的环境科学与工程
"学科建设-人才培养"一体化办学高峰论坛

11.1 论坛概况

2021 年 11 月 28 日，北方环境论坛（2021）暨真实问题导向下环境科学与工程"学科建设-人才培养"一体化办学高峰论坛在沈阳市召开。

◆ 主办单位：辽宁省科学技术协会、辽宁大学等

◆ 承办单位：辽宁大学环境学院、辽宁大学城市与能源国际工程研究院等

◆ 论坛定位：国内首个以真实问题为关键词的全国性"学科建设-人才培养"研讨会

◆ 论坛主题：融通与创新

大会主席、辽宁大学环境科学与工程一级学科带头人潘一山校长在主旨报告中详细介绍了辽宁大学在该研究领域的理论创新成果与实践应用经验，他指出，新格局下的学科建设的问题意识、问题导向，更有利于解决由于大学专业分工过细而导致的知识生产与社会需求之间的脱节问题，也更有利于解决生活世界中的复杂问题，并从根本上推动理工科、哲学社会科学的创新。辽宁大学在《深化新时代教育评价改革总体方案》出台之前，就针对教学、科研、服务社会脱节的问题，进行了有益探索与尝试，树立问题导向的新办学理念，坚持问题导向，成立真实问题研究中心，建立了创新真实问题导向下的人才培养、科学研究、社会服务、长效制度及课程思政建设，使真实问题成为辽宁地区产教融合、高端智库建设、科技成果转化的源头活水。

◆ 特邀论坛报告嘉宾：

辽宁大学校长潘一山教授

辽宁大学副校长李淑云教授

辽宁大学环境学院院长宋有涛教授

北京林业大学环境科学与工程学院院长孙德智教授

大连海事大学环境科学与工程学院原院长孙冰教授

大连理工大学海洋科学与技术学院党委书记柳丽芬教授

大连理工大学环境学院副院长刘猛教授

大连民族大学资源与环境学院副院长崔玉波教授

东北师范大学环境学院副院长张继权教授

河北工业大学能源与环境工程学院副院长任芝军研究员

吉林大学新能源与环境学院副院长花修艺教授

吉林师范大学环境科学与工程学院副院长杨春维副教授

辽宁工程技术大学环境学院院长汪道涵教授

辽宁环保产业技术研究院有限公司总经理靳辉

辽宁经济管理干部学院副院长王磊教授

辽宁瑞丰环保科技集团有限公司董事长邢树满

辽宁省政协人资环委副主任、辽宁省环境科学学会理事长朱京海教授

辽宁师范大学城市与环境学院副院长曹永强教授

沈阳工业大学环境与化学工程学院执行院长梁吉艳教授

沈阳航空航天大学能源与环境学院院长杨天华教授

沈阳化工大学环境与安全工程学院院长张学军教授

沈阳化工大学环境与安全工程学院院长赵焕新副教授

沈阳市环境科学学会理事长邵春岩正高级工程师

云南省环境科学学会理事长李唯正高级工程师

浙江省环境科学学会秘书长高峰莲正高级工程师

11.2　精彩瞬间

11.2.1　"新工科"建设背景下"虚拟仿真"一流课程体系建设探究

11.2.1.1　报告人简介

曹永强：教授，博士研究生导师。中国自然资源学会水资源专业委员会常务委员、中国系统工程学会水利系统工程专业委员会常务委员、辽宁省地理学会常务理事、辽宁省普通高等学校水利类专业教学指导委员会委员。

11.2.1.2 报告回顾

　　一流的学科建设需要一流的课程体系。在"新工科"建设背景下，"虚拟仿真"课程作为提升人才培养质量的"新路径"，成为当前一流课程体系建设的焦点。教育部 2017 年遴选的"国家级虚拟仿真实验教学项目"，旨在解决高等学校实验、实习、实训中的重大难题。2019 年，项目改名为"国家级虚拟仿真实验教学一流课程"，计划 3 年时间完成 1 500 门左右国家虚拟仿真实验教学一流课程的认定，形成专业布局合理、教学效果优良、开放共享有效的高等教育信息化实验教学体系。目前，这一实验教学新模式已将学生的学习场域从有限场突破到无限场、虚拟场，并取得显著成效。为应对新冠肺炎疫情而实施的大规模在线教学，"虚拟仿真"课程做出了重要贡献。

　　"虚拟仿真"课程主要依托虚拟现实、多媒体、人机交互、数据库和网络通信等技术，构建高度仿真的虚拟环境和实验对象，由学生自主设计、完成并分析实验结果。从课程体系上看，"虚拟仿真"课程是由"新基建"到"新路径"两个教学层次构成，具有教学体系建设、资源建设和应用推广三个层面，可拆解为实验选题、实验设计、系统开发、教学应用四个步骤，全方位、多层次地展示了虚拟仿真的系统规划和实践经验，为人才培养创新提供了更为宽广的选择。可见，"虚拟仿真"课程对于实验教学的可持续发展及人才培养质量的提升具有重要意义。

　　按照政策文件指导要求，"虚拟仿真"一流课程对照高阶性、创新性、挑战度的"两性一度"标准，进行相应的"金课"建设。一流的"虚拟仿真"课程需要优良的实验构思，其素材主要来源于科研和工程最新成果，其先进的实验技术、灵活的实验做法、丰富的实验素材、多途径的实验方法，有助于提升学生解决专业问题以及创新思维的能力。在虚拟的实验场景下，学生通过虚拟的实验操作过程，完成线下实验教学难以完成的实验教学内容。虚拟仿真技术还可以在最大限度上还原生活中的真实场景，促使学生在情境教学中开展学习，从本质上了解知识结构和原理，掌握学习方法。教师把虚拟仿真技术应用于课堂中，相当于把模拟情景通过多媒体计算机放进了教室，这样有助于打破时空对模拟演示的限制和约束，拓展学生的学习范围。因此，"新工科"背景下的"虚拟仿真"一流课程建设并不是简单层面上将实验仪器或设备进行虚拟化，而是一种更加灵活的实验教学模式，是实体实验项目的有益补充。

　　虚拟仿真应用装备在很大程度上改变了教育模式，例如，在中国慕课大会和世界慕课大会现场，分别展示了国产 C919 大型客机机翼装配实验和空间芯片细菌检测实验，这些实验都通过相关数字设备利用 5G 大带宽、低延时技术实现了异地协作。一直以来，野外地理实习和测绘实习，受地域、天气、交通、实习成本等多重因素的制约，限制了学生的野外实践教学与研究。虚拟仿真应用装备可以将宏观与微观、远视与近视、实际景观与虚拟模型相融合，较强的真实感和沉浸式仿真教学拓展了实习层次，延伸了实习内容。

在一流课程建设过程中，我们要鼓励有条件的高校探索建立虚拟仿真实验室和实训基地，将虚拟仿真应用开发平台、高性能图像生成及处理系统、立体式沉浸性虚拟三维显示系统有机融合，配备人机交互装备，如数据手套、VR头盔等，帮助学生搭建真实体验场景。同时，要下大力气研究应用和共享方案，以最大限度地解决资源分配不均衡的问题。"虚拟仿真"一流课程建设从开始到完成都需要花费较大的人力、物力，在耗费巨大投入的前提下，该项目不能只是让小部分学生受益，否则会造成极大的优质资源浪费。应积极探索虚拟仿真实验教学的"慕课化"，在真实问题导向下实现"学科建设-人才培养"一体化办学模式、实现"项目"到"课程"的转变、实现"本校"到"外校"的转变、实现真正意义的"产教融通"，有助于人才创业能力的培养、解决学生侧的学习兴趣问题、加速课程的改革和完善。

总结在线教学经验，结合"虚拟仿真"一流课程体系建设的实际，从技术赋能教育速度加快、线上线下结合趋势不可逆转、虚拟仿真慕课化可能会成为新的增长点等发展趋势中把握要义。因此，"虚拟仿真"一流课程建设应遵循信息化背景下实验教学基本规律和人才成长规律，继续加强信息技术与实验教学深度融合，形成更前沿、更优质、更规范、更高效、更公平等多方面的新突破。首先，"虚拟仿真"一流课程建设要特别注重科教融合、产教融合，积极引导和支持一流科研团队，及时将最新的研究成果及研究过程开发转化为教学项目。其次，要充分发挥竞赛作用，达到以赛促教、以赛促学的效果。再次，要注重课程质量建设，一方面做到"引进来"，让行业专家走进校园，把脉会诊，参与建设；另一方面做到"走出去"，使课程建设团队走出校门，观察行业动态，了解企业需求，开发实用、有用的课程；通过校企合作等方式，面向社会急需和行业痛点领域，打造具有自主知识产权的精品化项目。最后，在课程规范化方面，应结合《虚拟仿真实验教学课程建设指南（2020年版）》以及《虚拟仿真实验教学课程建设与共享应用规范（试用版·2020）》，从框架中着手推进制度建设，完善"虚拟仿真"一流课程体系。

11.2.2　"工学并举"特色的环境类学科建设与人才培养探索与实践

11.2.2.1　报告人简介

任芝军：研究员，博士研究生导师。江苏省"双创人才"，河北省学校生态文明首届教育专家指导委员，河北省课程思政教学名师，河北省一流本科课程负责人，河北工业大学"元光学者"。

11.2.2.2 报告回顾

河北工业大学始建于 1903 年，初名为北洋工艺学堂，秉持"工学并举"的办学特色，历经沿革，成为国家"双一流"和首批"211"重点建设高校。

能源与环境工程学院源于 1958 年河北工学院复建成立的机械系，2002 年定为现名。学院现有专任教师 90 人，其中教授 16 人，副教授 30 人，博士生导师 28 人，93%的教师具有博士学位。

2000 年，环境学科开始招收环境工程本科生，2014 年与德国北豪森应用技术大学联合办学，2018 年环保设备工程成立。2019 年获批环境科学与工程一级学位点，2021 年获批资源与环境工程专业硕士点。环境工程专业于 2020 年获批国家级一流本科专业建设点；环保设备工程是河北省急需专业，环境学科立足"京津冀"和"雄安新区"建设国家战略，贯彻多学科融合、产学研协作的专业建设策略，培养复合型高级工程技术人才。目前，环境学科共有专任教师 32 人，30 人具有博士学位；其中，31 人来自国内"985"和国外知名高校；23 人为河北工业大学"元光学者"；海外留学经历 14 人；高级职称 14 人。

为促进学科高质量发展，学院出台了一系列政策。第一，成立教学研究中心，颁布了《能源与环境工程学院教学团队建设实施方案》，成立了"大气污染控制工程教学团队""实验教学团队""生态文明与绿色发展教学团队"等 9 支教学团队。争取 2 年内培育校级教学团队 4～6 个，3 年内培育省级教学团队 2～3 个，5 年内培育国家级教学团队和教学成果 1 个。

依托"中德（环境工程）项目""中芬（能源动力）项目""天津市固体废物热资源化中匈联合中心"，成立国际教育合作中心。学生出国交流率达到 10%以上；留学生数达到学生人数的 1%以上；高水平英文授课课程 8 门以上，英文授课师资数量达到 8 人；引进 10 名以上国外知名教授为学生系统讲授 10 门专业课。

学科扎实开展课程思政工作，依托学院建立的"能源与环境课程思政建设群"，大气污染控制工程、环境保护与可持续发展、生态文明与绿色发展课程入选河北工业大学课程思政"双百计划"，起到了良好的引领示范作用。

环境学科在教学团队与教学名师培育方面，获批天津市第三批人才发展特支计划、天津市能源利用过程污染物控制重点领域创新团队；2 名教师分别入选国家"百千万人才工程"和国家"万人计划"科技创业领军人才，10 余名教师先后获得"河北省百人计划人才"、"天津市中青年科技创新领军人才"、"河北省三三三人才工程人选"和江苏省"双创人才"等人才或荣誉称号。

近 3 年来，学科教师主持和参与包括"服务京津冀区域经济和产业发展的多元化协同育人模式及资源体系构建的探究与实践""新工科"研究与实践项目在内的国家级教改项目 1 项，省部级教改项目 12 项。出版教材 3 部，省级一流课程及示范课程 3 门，省级课程思政示范项目 4 项，教研论文 20 余篇。

（1）"辅导员+班导师+成长导师"全员导学体系

学科构建"辅导员+班导师+导学师"综合体系，年级配备辅导员负责学生思想、心理、日常和就业辅导；班级配备班导师，负责学生专业认知和学业指导；每 3～5 名学生配备成长导师，负责学生创新创业和成长引领，通过全员导学制构建"以生为本"的育人平台。

（2）"基础—专业—实践""三位一体"课程体系

环境学科多措并举构建了"公共基础、专业技能、实践实训""三位一体"的课程体系。一是建设进阶式的课程模块，"通—专—用"结合提升学生的学科素养。二是拓展专业课程，通过开放式、研讨式、研究式课程延展专业深度。

（3）"实验中心—教学中心—工程中心"国家级教学科研平台

环境学科拥有天津市清洁能源利用与污染物控制重点实验室等 6 个天津市或河北省的省级重点实验室和省级研究中心，建立了一个虚拟仿真实验中心。目前，学院构建了"基础实验—综合实验—创新实验"三层次的实验体系，提高了切实解决实际问题的能力。

（4）"实验室—企业—实训基地"相辅相成的实践训练体系

学科加强建立了 25 个校外实践基地、科研基地，形成"课内课外、校内校外、线上线下"相结合的实践体系，依托多元产学研用平台，提升学生实践、应用和创新能力。

（5）"竞赛—项目—计划"多元化创新思维培育体系

环境学科通过学科竞赛、创新创业、拔尖计划等形式多方式培养学生的创新思维、团队协作和沟通交流能力。在校学生 80%以上参加过各类研究实践活动，所获奖励中国家级奖项占 43%。近年来，学生在历届全国大学生挑战杯竞赛、全国大学生节能减排社会实践与科技竞赛等重要赛事中名列前茅，在校内文艺、体育、科技类等赛事中屡获殊荣。经过几年的实践，河北工业大学能源与环境学院在人才培养方面成效显著，近 3 年来就业率近 100%，升学率达到 40%且就读于知名学府，学生的能力得到企事业单位和学术界的广泛认可。

11.2.3　浅析民族类高校专业学位人才培养中的校企合作

11.2.3.1　报告人简介

崔玉波：教授、博士研究生导师，国家民委教学名师。入选"全国万名优秀创新创业导师库"和"辽宁省优秀人才计划"。任亚洲城市环境学会副理事长、辽宁省环境科学与工程教学指导委员会委员。

11.2.3.2 报告回顾

专业学位人才培养着眼于科技和新产业发展，以行业产业需求为导向，遵循高层次人才培养规律，立足于地方经济发展的需要，培养出满足社会经济发展急需的高层次应用型人才。

（1）民族类高校专业学位人才培养的特点

社会上对于民族类高校存在一定的误区，认为一般的民族类高校"重文史、轻理工"，主要是为少数民族做普及教育。民族类高校虽然面向全国招生，但少数民族学生占比偏高，尤其是少数民族地区学生占比偏高，学生理论和实践基础相对较为薄弱，部分学生还存在一定程度上的语言障碍。民族高校专业学位培养也是面临着类似的问题，是少数民族学生的优先选择院校，少数民族地区本科学生也占了很高的比例，虽然本科阶段不断地弥补高中之前的学业差距，但仍然存在一定的距离。近年来，大部分研究生都是从本科直接跨越到研究生的教育阶段，呈现出低龄发展的趋势，社会经验少，专业社会实践经验也很少。民族类高校专业学位培养也面临着同样的问题，不仅要补足高中、本科期间的部分理论和实践差距，还需在专业学位培养阶段进一步提升研究生的理论和实践水平。

（2）校企合作的必要性分析

导师在研究生培养过程中发挥着重要的作用，在研究生专业课程中提升学生的专业知识与技能，一定程度上决定着所培养人才的质量。随着研究生教育的迅速发展、学科的交融及知识的增加，导师的知识结构、学术能力和科研深广度已经不能满足专业学位研究生教育发展的需要。同时，大部分导师多年从事高校教学工作，缺乏对工厂、企业工程实践的实际经验，导致培养方式倾向于科研理论方面的指导，很难与新工业理念和生产技术，以及新生产实践相结合。新时代中国经济和产业转型升级加快，各行各业的知识含金量显著提高。随着科技和产业变革的兴起，新经济、新业态不断涌现，科技和人才的竞争成为大国竞争的本质问题。我国在科技应用和转化方面领域很多关键技术尚待突破，需要大量创新型、复合型、应用型人才，研究生教育改革势在必行。在此背景下，为了提升研究生的实践能力，改革专业学位研究生培养模式，通过建立与企业合作，将企业的实际需求与研究生的研究方向相结合，与企业开展协同培养。校企合作充分体现了专业学位教育理念的转型，以及从理论学习和研究到实践创新能力培养的优势。

（3）校企合作双导师提高民族类高校专业学位人才培养质量

民族类高校是为民族地区和地方培养少数民族人才的重要基地。少数民族地区大部分处于经济不发达地区，需要大量优秀的高层次应用型人才。民族类学校不仅肩负着培养少数民族学生的教育任务，同时肩负着为少数民族地区输送人才的使命。企业工程技术和管理人员了解企业需求和行业发展状况，可以提高研究生的工程实践创新能力，而校方导师可以负责专业学位人才理论创新能力的培养。双导师培养模式贯穿专业学位研究生培养全过程，二者分工合作，企业导师提出企业实践过程中的实际问题，并参与研究生选题、开题、研究、答辩等过程的指导。同时，企业导师须慎重选聘，对道德修养、理论知识、实践能力等方面进行综合考察，保证专业学位培养"立德树人"根本目标的实现。

　　结语：我国专业学位培养是为了适应经济和科技发展的需求，正处于全面改革阶段，人才培养不论是数量还是质量都取得了显著成果。但是，对于民族类高校来说，专业学位培养仍然存在许多问题尚未解决，并且亟待解决。民族高校专业学位人才培养极富挑战，如何培养少数民族人才，如何为少数民族地区培养优秀人才，任重道远。相信校企合作双导师人才培养模式，必将显著提升民族高校专业学位人才培养质量。

11.2.4　"新工科"背景下地方高校环境工程专业"113"人才培养模式构建与实施

11.2.4.1　报告人简介

　　赵焕新：副教授，硕士研究生导师。环境工程国家级一流本科专业建设点负责人，教育部工程教育专业认证专家，辽宁省一流课程负责人，先后获得辽宁省教学成果二等奖、三等奖各 1 项，辽宁省教师教学大赛二等奖，全国化工类高校教师课程思政能力大赛二等奖。

11.2.4.2　报告回顾

　　沈阳化工大学于 1952 年建校，曾隶属重工业部、中国科学院、化学工业部，目前为省部共建。学校 1993 年获硕士学位授予权，2021 年获批博士建设单位。学校共 48 个本科专业，其中国家一流专业 13 个，省一流本科专业 24 个，13 个专业通过工程教育认证。
　　（1）新时代高等教育的要求
　　习近平总书记指出："我们对高等教育的需要比以往任何时候都更加迫切，对科学知识和卓越人才的渴求比以往任何时候都更加强烈。"现阶段，国家对高等教育比以往任何阶段都重视，具有历史性、划时代、里程碑意义的全国教育大会将我国的教育分为三步走，关键期、决胜期和达成期。这表明现阶段是高等教育人才培养的"质量革命期"，国家对高等教育的重视程度提高到前所未有的新高度。

（2）沈阳化工大学环境工程专业"113"人才培养模式的构建与实施

环境工程专业建设及人才培养过程中面临以下关键问题：①"学科本位"的培养理念，导致供给侧与需求侧错位；②"学术本位"的培养模式，导致知识与能力错位、理论与实践错位、硬素质与软素质错位；③"学校本位"的培养机制导致教与学错位，存在着教师只管教书、不管育人；专业只管教师、不管学生；学校只管培养、不管使用等问题。针对上述问题，沈阳化工大学环境工程专业设计了"113"人才培养模式，即基于OBE理念，通过CDIO的模式，实现协同化育人、家庭化培养和个性化指导。

1）成果导向理念进课堂。在工程教育专业认证的引领下，专业通过2～3轮的建设，已经形成了：培养目标决定毕业要求、毕业要求支撑培养目标和毕业要求决定课程体系、课程体系支撑毕业要求的关系；培养目标合理性与达成性评价机制和毕业要求达成度评价与持续改进机制。并且通过构建"一体两翼"实现面向产出的课程质量评价。

"一体"：沈阳化工大学环境工程专业建立了一整套面向产出的课程评价与改进机制。该机制包括但不限于以下机制文件：①教学大纲的修订与审核；②课程OBE执行方案制定与审核（教案的OBE教学设计与审核）；③课程形成性评价方法审核实施办法（对平时成绩与课程目标进行有针对性的审核）；④试卷命题合理性审核（对试卷命题与课程目标适应性的审核）；⑤课程目标达成度评价与分析报告实施办法（定量与定性、直接与间接、改进办法）；⑥课程目标达成度学生自评工作方案；⑦课程持续改进针对性、有效性审核工作方案。

"两翼"：毕业要求的达成是由课程目标的达成所支撑的。因此，需要按照OBE理念在教学大纲中明确课程与毕业要求指标点相适应的课程目标，要有课程目标与指标点之间明确的支撑矩阵关系。需要注意的是，课程目标并不等同于毕业要求。课程目标=教学要求+按照认知规律必须增加的教学产出。课程目标在表述时可使用布鲁姆认知模型中的行为动词来表达。

2）CDIO一体化课程体系。CDIO模式是实现OBE理念的最佳途径，它能解决工程教育中长期存在的二元分裂，即知识与能力、理论与实践、"硬"素质与"软"素质的分裂。专业设计了基于项目教学的1D-4D课程项目。如基于单一课程的"一课一做"的1D项目。面向课程群的2D项目，例如，旋风除尘器模型的制作与拼接，涉及大气污染控制工程、物理化学、化工原理、流体力学、工程制图等工程基础、专业基础和专业核心类课程，实现了从理论学习、解决问题、设计计算、动手制作到知识内化的全过程。设计了面向核心理论课程和配套实践课程并贯穿整个学期的3D项目，例如，校园污水处理站的运维与校园树叶堆肥。4D项目是将第一课堂与"双创"大赛、学科竞赛相结合，贯穿人才培养的全过程。

3）"三化"育人。"三化"举措是OBE-CDIO实施的最佳保障。通过"三化"可以实现"三全"育人大格局。协同化育人是通过专业教师和企业专家的深度交流，与企业专家共同建设课程、指导实践环节、编写教材、开发项目式教学等联合培养学生。家庭化培养是专业教师与每位学生组建"家庭"并担任"家长"，"家长"从学业指导、职业规划、心理辅导、学科竞赛、大学生活、考研等全方面给予学生 4 年期间全过程的帮扶。个性化指导就是要根据不同学生的性格、目标、能力制定不同的指导方法等。

（3）专业建设成果

沈阳化工大学环境工程专业 2021 年获批国家级一流本科专业建设点；2018 年获辽宁省首批一流本科示范专业；2018 年通过教育部工程教育认证。

11.2.5　地方高师院校环境学科建设经验及未来的发展挑战

11.2.5.1　报告人简介

杨春维：教授，硕士研究生导师。主要从事难降解有机废水高级氧化处理技术开发及应用的研究工作，主持各级科研项目 10 余项，获得省技术发明三等奖 1 项、省高等教育技术成果三等奖 1 项。

11.2.5.2　报告回顾

近年来，我国生态文明建设总体目标的提出以及 2060 年碳中和目标的设定，为环境学科的发展提供了强大的推动力，环境学科发展也迎来了历史机遇期。从卓越工程师，到"新工科"的建设，环境学科发展一直强调要与社会接轨，突出学生实践创新能力的培养，环境专业相关毕业生就业率和就业水平也逐年提升。但与此同时，省属师范类院校，资源并不强势，工程能力社会口碑也并不突出，在校内资源分配方面也受到了一定的制约。因此，省属师范院校环境学科如何建设和发展，是值得思考的问题。本文以吉林师范大学环境科学与工程学院的学科建设和发展为例，对省属师范类院校环境学科建设和发展的经验、遇到的问题加以总结，以期为兄弟院校提供一些正反两面的借鉴。

（1）发展经验

首先，聚焦优势特色，明确学科方向。学院结合学校重点学科和科研方向，对学院的学科发展方向进行调整和设计。例如，围绕东北气候的特点和农村、农业生态环境保护的焦点问题，与地方环境管理部门以及相关企业密切合作，在现实水体复杂污染物联合毒性评估、农业面源污染控制新技术和黑土地保护等方面开展了卓有成效的科学研究工作；围绕地方企业难降解有机废水和固体废弃物资源化利用等实际问题，与企业进行产学研合作，在有机废水处理，畜禽粪便、秸秆及市政污泥联合堆肥等方面取得的一系列原创性研究成果等。

其次，优化基础条件，提高科研硬件水平。通过积极申请各级财政专项，购置大型仪器设备总值超过 2 000 余万元，目前已经拥有 XRD、SEM-EDS、TEM、激光显微拉曼、液质联用、气质联用等完备的环境分析、材料分析实验仪器，为学科建设提供基础保障。

最后，构建和谐环境，稳定人才队伍。学院高度重视人才工作。学院秉持"人才是第一资源"的理念，成立了以院长为组长的人才工作领导小组，制定了人才强院战略，每年制订用人计划，并积极落实计划。

（2）面临的问题及解决思路

地方高师院校大多不具备突出的工程背景和社会工程人才培养认可度，而且环境学科作为非师范类专业往往并不是学校领导关注的重点。因此，地方高师院校环境学科的发展同时面临着学校领导不重视的"内忧"和社会认可度不高的"外患"。想要破局发展，应该主要从提高学校领导认可度和社会认可度两个方面进行发力。

首先，努力提高办学质量。学院近年来落实"卓越工程师"培养计划，以校企合作为依托，建立了全新人才培养模式，学生就业率位列学校前列。同时将考研学生分流培养，提高了考研率。学院人才培养输出顺畅，教学、科研、就业等各项工作多点开花，环境学科成为校内不容忽视的学科。

其次，积极推进宣传工作。将好的成果、经验尽力宣传出去，引起学校校领导的重视，提升学科影响力。环境学科背景的领导和老师大多具备踏实工作、任劳任怨的工科品质，很少有主动向领导汇报工作的。而争取领导的重视，经常性、策略性地汇报工作，是简单有效地提升知名度的方法之一。只有领导重视，才能获得校内的更多资源。

最后，广泛开展校外合作。环境学科发展不可能闭门造车，其社会服务的学科性质决定了必须要"走出去"，在环境保护事业中发展学科，搞好科研。因此积极与各级企事业单位合作，促进多种模式联合是"卓越工程师"人才培养模式稳定发展的前提，同时也是学科发展的基础。

结语：省属师范院校环境学科，因为师范学校背景具有工程能力和社会口碑不高以及主管领导重视程度不足等问题，直接制约着其各类资源的获取，影响学科的高水平发展。顺利发展和破局的关键——第一在于学科的特色发展；第二在于人才的引进和教师队伍的稳定。另外，具有实践特色的专业发展方向、积极的内外宣传和广泛的企事业、兄弟院校合作也是促进省属师范院校环境学科发展的有力辅助。

11.2.6 浅谈以环保产业需求为导向的生态环境创新应用型人才培养

11.2.6.1 报告人简介

高峰莲：正高级工程师，浙江省科协科技社团党委委员、浙江省环境科学学会副理事长兼秘书长。从事环境政策规划研究和管理工作二十余年。获浙江省环境保护科学技术奖一等奖、二等奖等奖项 9 项。被评为浙江省 2020 年度社会组织领军人物、2016 年度全国优秀学会工作者、中国科协第十次全国代表大会浙江代表。

11.2.6.2　报告回顾

改革开放以来我国经济快速增长，对世界经济发展做出了重要贡献，然而经济增长却使得自然资源与生态环境产生了一定的破坏。例如，2020 年我国 GDP 总量约占全球的17%，但成品钢表观消费量占世界总消费量的 56.2%，水泥消耗也远超发达国家。此外，我国煤炭消费约占全球的 50.5%，我国消耗 1 t 标准煤创造 1.4 万元人民币的 GDP，单位GDP 能耗是世界平均的 2.5 倍、美国的 3.3 倍、日本的 7 倍。同时，中国面临着比发达国家更严重、更复杂的环境问题。全局性环境问题方面，主要为大气污染、酸雨与酸沉降、江河湖泊水污染、土壤污染、近海海洋污染等；区域性环境问题方面，主要为室内空气污染、城市机动车尾气、饮用水污染、农药污染与残留等。

未来，中国还将面临着一系列复杂严峻的问题，POPs 与新型污染物、废旧电器与电子垃圾、垃圾填埋与焚烧、城市的室内外环境质量、农村的饮用水安全等问题不容忽视。对于我国而言，环保产品生产领域初步形成了以长三角、环渤海和东起上海沿长江至四川等中部城市聚集发挥的布局。对于浙江省而言，浙江省环保产业发展经历了萌芽期、成长期及快速发展期三个阶段，环保产业整体实力位居全国前列。但是，浙江省环保产业仍存在以下问题：①环保产业管理体制机制还有待进一步理顺；②环保产业集聚区建设还需要进一步扶持和培育；③技术水平总体不高，企业技术创新能力较弱；④有效的环保产业投融资机制还没有建立。

党的十九大提出要建设美丽中国，推进绿色发展，要壮大节能环保产业、清洁生产产业、清洁能源产业。以浙江省为例，从环保产业细化领域来看，环保装备和产品生产将趋于稳定缓和，环保服务业将会得到持续快速发展；从环保企业发展新变化来看，环保企业已经开始寻求模式转型，重视技术和模式创新，开始探索更符合资源化的先进技术方向。随着我国生态环境保护事业的深入发展，环保产业已快速进入市场竞争阶段，规模逐步发展壮大，从业人员数量持续增长。同时，随着我国环境保护事业的深入发展，社会对环保人才的需求越来越趋向综合性，既需要有很强的设计、操作和科研创新能力，同时又要求懂管理、懂法规。

经多年发展，我国环保产业人才培养体系日趋完善，为生态环境保护和污染攻坚战场培养了重要的生力军，但是仍然存在一些不足：环保学科人才培养机构相对于我国环保实践需求仍显不足，区域发展不平衡；师资能力有待进一步增强；专业建设优势特色不明显，人才培养重理论、轻实践，教学内容与实际需求存在一定的脱节，学生创新精神培养不足；缺乏针对我国环保现实需求主动搭建的国际合作平台。新形势下，为实现美丽中国建设目标，回应"碳达峰""碳中和"新战略需求，对环保产业人才培养发展提出如下建议。

其一，紧密联系社会实际需求，结合各地具体情况，鼓励地方高校及其他研究机构根据需要发展环境学科，逐步形成兼顾数量和质量、分布均衡的中国环境高等教育大格局。同时不断优化教师管理制度体系，引育并举，壮大顶尖人才队伍，提升教师实践指导能力，提高整体教师队伍素质；其二，以环保产业需求为导向，专业设置与社会实际需求紧密结合，优化学科专业布局，注重学科交叉通融；其三，探索开放式实验教学模式；其四，持续深化校企合作，形成协同育人新机制。根据企业所需，合理分配人力资源，充分利用不同培养方向的环保人才，发挥各自优势，实现人才培养与企业需求的有效衔接；其五，强化国际交流与合作，融合国内外优质教育资源，推进环境学科与国际先进水平接轨，增强国际视野人才培养力度。

11.2.7　基于环境公平理论的环境管理创新

11.2.7.1　报告人简介

邵春岩：正高级工程师，沈阳环境科学研究院院长，获评"国务院政府特贴""辽宁省优秀科技工作者""辽宁省'百千万人才工程'千人层次"以及环境保护部"十一五"先进科技个人等。

11.2.7.2　报告回顾

党的十九大提出"现阶段我国社会主要矛盾是人民日益增长的美好生活需要和不平衡不充分的发展之间的矛盾"，其中，环境不公问题是矛盾的呈现方式之一。党的十八大提出："建设美丽中国，就要大力推进生态文明建设，加强生态文明制度建设，深化生态文明道德培养，以制度维护环境公平，以道德规范环境秩序。"因此，维护环境公平对于建设美丽中国以及生态文明建设意义重大。

（1）环境公平的内涵及外延

环境公平的价值内涵是指当环境作为自然资源进入社会生产和生活领域，并对人类具有的某种价值。目前，环境公平在国际上已有基本界定且已受到广泛关注，环境公平具有共同承担环境污染防治责任、环境政策中人的公平待遇以及环境保护的公共参与三个本质特征。环境公平既是人们对其权利义务和责任的一种道德评价，又是人们最大限度地合理利用环境资源下的生产方式，同时也是社会公平的有机组成部分。

（2）环境公平的理论基础

环境是基础性生存保障，人们均享有生存权和发展权，人们均享有基于生存和发展保障下的自由权，因此环境公平是保障人权自由和公平的先决条件。环境资源属人类共有财产，在环境资源的使用和保护上，所有主体均享有平等权利，负有同等的义务，应最大限度地合理利用和有效保护环境资源，实现跨域环境协调改善以及代际间环境资源可持续发展。利用环境资源或使环境资源破坏时，应按照公平原则承担环境责任，进行补偿和恢复，以维持生态平衡。

（3）环境公平的法律基础

1972 年，斯德哥尔摩《人类环境宣言》是人类历史上第一个保护环境的全球性宣言。2002 年，《约翰内斯堡可持续发展宣言》中强调了人尤其是儿童的尊严和权利，并重申了环境污染和贫穷等全球性挑战问题。习近平生态文明思想中指出：生态兴则文明兴，生态衰则文明衰。综观世界发展史，保护生态环境就是保护生产力，改善生态环境就是发展生产力。《中华人民共和国宪法》和《中华人民共和国环境保护法》中也明确指出保障自然资源的合理利用是国家和每个公民应尽的责任和义务。因此，环境资源属社会公共产品，人人负有均等的保护义务，并享有均等的使用权利。

（4）环境公平的挑战与机遇

中国环境资源总量丰富，但人均环境资源相对匮乏。随着经济社会的发展，生态环境公平问题逐渐凸显出来，主要包括弱势群体的环境侵害问题，城乡二元结构性问题，我国东部、中部和西部地理差异性问题，国外输入性环境污染问题以及相关制度不完善问题。在我国经济欠发达地区，经济发展过度依赖自然和环境资源，粗放式的资源驱动经济增长模式仍不同程度地存在，同时，收入分配和社会贫富差距造成并加剧了环境权利的不公平。此外，全社会环境公平共识不足，跨境、跨代环境危害尚未得到足够重视。随着生态文明思想写入《中华人民共和国宪法》，生态文明的理念和绿色发展的道路已成为主流，环境公平的政策基础已经具备。新"环保法"的颁布使环境公平理念得到了全新的体现，环境公平实践在法律上有了更有力的支持和依据。完整、准确、全面贯彻五大发展理念，其中"协调、绿色和共享"赋予了环境公平新的内涵，环境公平的主体诉求和应用实践都更加丰富和完善。

（5）环境公平的管理创新

完善管理体制、提升管理水平是促进环境公平、推动可持续发展的最为关键的一环。通过确定自然资产公平属性进行价值量化，明确自然资产的责、权、利，健全自然资源资产产权制度；突出环境资源空间管制，突破环境管理的"瓶颈"，建立国土空间开发保护制度；夯实环境经济政策基础，实现外部效应内部化，健全资源有偿使用和生态补偿制度；建立健全环境治理体系，以资源总量控制为基础，完善资源总量管理和全面节约制度；完善环境治理经济手段，打通生态价值实现机制，健全环境治理和生态保护市场体系。由此可见，生态文明体制改革是实现环境公平的必要条件和有力保障。

合理利用自然资源，构建自由享用、合法利用和损害破坏的生态系统服务管理机制是实现环境公平的重要途径。环境公平是社会公平、正义的组成部分，是保障和改善民生的重要手段，是实现可持续发展的基础保障。《中共中央　国务院关于深入打好污染防治攻坚战的意见》中指出，要以高水平保护推动高质量发展、创造高品质生活。宜居宜业、环境优美也是共同富裕，我们需要通过利用政治、经济、文化、社会等多种手段推进环境公平事业快速发展，加快共同富裕这一宏伟目标的实现速度。

11.2.8　环境科学与工程学科的前世今生与真实问题

11.2.8.1　报告人简介

朱京海，二级教授，博士生导师。现任辽宁省政协人口与环境资源委员会副主任、辽宁省环境科学学会理事长，中国医科大学环境健康研究所所长。主要从事城市规划与公共卫生、环境经济与管理等方面的研究。

11.2.8.2　报告回顾

结合今天的论坛的主题，我主要讲三个问题，一是环境学科从哪里来？二是今天我们环境学科的真实问题是什么？三是环境学科向哪里去？

首先，环境学科从哪里来？

我主要认为它是从三个经典学科发展而来的，一是建筑院校的给排水专业，清华大学、同济大学做给排水比较早，其专家学者同技术人员做城市建设中的给排水，基于城市给水、人要吃水、水要处理干净、人要排水，排出来的水如何处理，于是从此开始了进行水的环境研究。

二是工科院校的化工系，典型的代表像清华化工系，包括由其演变过来的辽宁大连理工化学系在环境方面做得又早又好，研究怎么去利用水、气、生渣，如何来防止造成不利的影响。所以这些专家学者从化工专业派生出来，逐渐进入到了环境领域。

三是大学综合院校或者理科院校的化学、生物学，化学研究者进行大气监测、水监测，逐渐进入到环境领域做环境监测。再者是生物学研究者，从研究生物开始，然后进入到了生态，从林、草、木、鸟等这些野生动物保护开始。典型的代表如辽宁大学的环境学院，如之前有个案例，在从大连到烟台轮渡建完以后，成批成批的鸟撞墙，为探其究竟，请教以辽宁大学董校长为代表的专家学者，指出鸟看不见墙与屋顶的颜色，随后换了个颜色，鸟就避开其飞行。因此在环境领域，生物学研究很重要。所以其中一部分就是从理科院校、综合大学的化学和生物学演变过来的。

四是目前我所从事的医科院校的公共卫生、环境卫生，像中国医科大学公共卫生学院环境卫生专业是我们国家的重点学科之一，例如，做环境与规划，其中很重要的就是卫生防护距离，包括住宅的日照间距，就是楼和楼的间距，太阳直射角度考量，基于医科院校的环境卫生相关知识规定间距，保障冬至日要满窗日照一小时，是人体健康的最低生存标准，避免人体健康受到影响。现在我们国家生态环境部的很多领导都是北京医科大学、公共卫生学院的毕业生，但是医科院校的环境卫生，由于医科、医疗战线的这个特点，他们没有进一步演化，他们没有进一步演变成环境科学与环境工程而仍然坚守环境卫生。

目前环境学科，最早基本上从四类院校、五个专业演变到今天，那么我们只要掌握了它们的来路，我们就可以掌握这个学科的发展特征、发展特点以及它的优点与缺点等。

其次，环境学科的真实问题是什么？

今天的主题是由辽宁大学潘校长提出来的真实问题，今天环境学科的真实问题是什么？如果我们用一个问题、一句话来概括，我认为就是紧迫的、急迫的社会需求与供给极其不对应，或者我用一句经济学的名词通货膨胀来表达，目前环境学科是处在一个严重的通货膨胀状态下，老师不知道教什么，学生不知道学什么，毕业不知道干什么，而且社会却非常短缺。现如今生态环境问题频发，跟不上"碳中和""碳达峰""总量减排"等名词的发展，在我们国家向世界承诺了双碳问题的情况下，各个企业、各个单位却不知如何下手。所以我们应该怎么干、我们能够怎么干，这就是我们今天环境学科最真实、最真挚的问题。

我们也可以进一步地理解为目前学科建设所处的状态，基本上还沿用了苏联的计划经济模式，把学科分得很细，上学期间尽量具体学习，期望学生毕业有一份固定的工作。但美国模式市场经济模式不同，在学习基础部分很宽泛，然后适应于市场的变化，根据市场的需求应变。但环境学科是一个新型学科，是一个在市场经济条件下产生的学科，我们却是用计划经济模式在进行环境学科的教育，这就是我们当前面临的真实问题。若我再用一个时代文明观来解释这个问题，就是说生态文明时代的需求用工业文明时代的教育，而目前我们现在正在用工业文明时代的教育供给生态文明时代的需求，所以这就是产生这些问题的原因。现如今的学科建设、管理方法、教学方式完全是工业文明时代的研习，导致现如今环境学科里产生了通货膨胀。

第二个问题是现如今环境学科的特征是什么？要认识这个特征，我认为是三条，一是广泛的交叉线，二是高技术性，三是需求的小批量、多样性。广泛的交叉性是现如今环境本科专业的学生毕业了以后不知道从事什么样的工作，进入什么样的企业，所有行业里边都有环境，宝马公司需要、化工企业需要、设计院也需要，这就是特种广泛的交义性。高技术性则体现在环境学科由于发生在生态文明时代，到伴随着生态文明时代而发展，一直处在高技术阶段，需要深入学习。环境问题都是小批量、多样性，适合于小企业，因此，无法建设如鞍钢、本钢、抚顺石化等大企业一样的大型环保企业。

最后，环境学科向哪里去？未来的走向？

我个人认为环境学科未来的走向是"环境+"，我曾与经济干部管理学院王大超书记交流，学校做环境教育可以在不同的专业里加环境，学环境专业的加石化、钢铁、管理、数学、物理学等，可能是未来环境学科的一个走向。例如，目前东北大学没有环境学科的一级博士点，但我此前参加了东北大学几个老师的博士答辩，水平整体较高，就是因为不断地在加，机械加环境、矿山加环境、冶炼加环境等，所以我判断环境学科今后的走向可能是一个"环境+"的一个走势。

11.3 重要成果：真实问题导向下环境科学与工程"学科建设-人才培养"一体化办学联盟之《沈阳宣言》

与会专家针对环境科学与工程学科建设、人才培养过程中遇到的人才培养与科学研究脱节、科学研究与成果转化脱节、服务国家战略与人才培养科研工作脱节等问题，从各自角度分析了学科建设与人才培养中的问题成因，并深入交流研讨了真实问题导向下"学科建设-人才培养"一体化办学模式和相关的实践成果。

在闭幕式上，大会执行主席、辽宁大学环境学院宋有涛院长宣读了辽宁省首届大学生"十佳"生态环境真实问题大赛获奖名单，总结了本次高峰论坛的交流成果，并代表发布了成立真实问题导向下环境科学与工程"学科建设-人才培养"一体化办学联盟的《沈阳宣言》。

以教育部"新工科"建设目标为引领，以真实问题为导向，以中国环境科学学会以及各省、市级学会为依托，以生态环境及其相关企业为服务对象，以参加本次大会高校为核心，建立真实问题导向下环境科学与工程"学科建设-人才培养"一体化办学合作联盟，改革传统教学、科研、社会服务相互独立的模式，按照教育部"一流大学、一流学科、一流专业、一流课程"的标准，主打"国家战略牌""区域牌""特色牌"，全力服务"人类命运共同体""一带一路""美丽中国"以及区域的发展和振兴，建立起统一规范的真实问题导向下"学科建设-人才培养"相互融通的一体化办学创新机制，实现高校教师和学生从"想干什么""在干什么"向"该干什么"的转变。

11.4　首届辽宁省大学生"十佳"生态环境真实问题大赛

11.4.1　大赛概况

2021 年 11 月 25 日，首届辽宁省大学生"十佳"生态环境真实问题大赛在沈阳市召开。
- 主办单位：辽宁省科学技术协会
- 承办单位：辽宁大学环境学院真实问题研究中心
- 大赛定位：

为了提高高校学生敢于质疑、勇于探索、大胆求证的批判思维和科学素养，以及培养学生发现问题、提出问题、解决问题的创新型学习能力，辽宁省环境科学学会决定举办首届辽宁省大学生"十佳"生态环境真实问题大赛。
- 评选原则：

大赛将综合考量所提出真实问题的创新性、原创性、颠覆性、可行性、示范性、完整性，以及参赛者表达能力等因素，通过专家打分和线上投票两种方式进行评选。
- 大赛程序：

大赛分为初赛、复赛、决赛三个阶段：

各高校选出的"十佳"大学生生态环境真实问题，提交辽宁省环境科学学会奖励评审办公室进入初赛；初赛采用专家函评的模式，评选出"30 佳"真实问题进入复赛；复赛采用线上投票的模式，评选出"十佳"真实问题进入决赛；决赛采用演播室对决的方式，以专家（50%分值）和线上投票（50%分值）总计后，确定最终排名。

特等奖：1 名。获得者将获得 1 万元科研经费，作为研究启动资金，开展所提出的真实问题相关研究。

11.4.2　获奖作品

11.4.2.1　获奖名单

首届辽宁省大学生"十佳"生态环境真实问题大赛获奖名单见表 11-1。

表 11-1　首届辽宁省大学生"十佳"生态环境真实问题大赛获奖名单

特等奖			
序号	学校	作品名称	学生姓名
1	辽宁大学	关于疫情下口罩使用造成交叉感染的环境卫生问题	李昕桐、刘苹一、吕程熙

		一等奖	
1	大连海事大学	"以碳还油"——如何实现车船内燃机的碳中和	王全礼、王嘉彬、刘景宇、李若畅、孙天宇
2	辽宁大学	农业系统中的微/纳米塑料如何对土壤生态系统和食物链产生影响?	苏品杰、张润洁、薛洁晓、杨欢、罗旭
		二等奖	
1	辽宁大学	东北地区低温条件下生物法处理氮素能力不足的问题	张藉月、李耀、王月月、王春尧、于欣艺
2	辽宁大学	城市生活垃圾治理系统效益及产业发展趋势分析	林天润、刘畅、刘小琳、陈宇晗
3	沈阳农业大学	"罩"之即来,挥之不去——如何解决"环境的疫情"	陈昊婷、薛丽琦、孟洁、周彬、薄文昊
		三等奖	
1	辽宁大学	基于司法裁判文书的辽宁省环境公益诉讼实证研究	王鹤棋、刘恬然、王思仪、贺思睿、马俊强
2	辽宁大学	农业农村面源污染防治——基于官员约束性考核视角	梁辰、周爱心、房祥雪
3	辽宁大学	高校思政教育对大学生生态环境保护意识渗透度不强	王婉妮、王迦南、褚悦、姜佳棋
4	东北大学	二维储能电池材料如何助力碳达峰与碳中和?	杨悦、刘文洁、伊相旭、金灵、王鹏凯

11.4.2.2 获奖作品简介

（1）特等奖

作品名称：关于疫情下口罩使用造成交叉感染的环境卫生问题

受新冠肺炎疫情的影响,我国对口罩的需求剧增。日常生活中口罩的不正当存放、触摸、丢弃等行为极易造成交叉感染现象,随意丢弃的口罩还会造成生态环境卫生问题,为疫情防控增加技术难题。现今国内疫情局势不容小觑,多地发生地区环境样本检测阳性的大范围感染事件。且由于国内外鲜少研究,针对受污染口罩潜在的环境污染及交叉感染等生态环境卫生问题暂无有效的解决方法。本问题以实际生活经历为启发,以实地调研及数据分析结果为依托,对打赢疫情防控战提供了创新性思路。本团队预期产品能够结合纳米二氧化钛这种新型半导体材料,赋予口罩光催化杀菌能力,同时保证对人体无刺激和伤害作用,以解决疫情下口罩使用造成交叉感染的环境卫生问题。

（2）一等奖

①作品名称："以碳还油"——如何实现车船内燃机的碳中和

2020年9月,习近平总书记提出我国实现碳达峰和碳中和的目标,加快节能减排进程势在必行。内燃机是车、船等交通运输工具的核心动力,具有较大的节能减排潜力,降低内燃机的能源损耗和碳排放量对实现碳中和目标具有重大意义。我们可以将内燃机排放的尾气和即将进入内燃机的燃油进行重整，原位实现 CO_2 还原与燃油改质。低温等离子体具有较高的电子温度和较低的气体温度，高能电子可以使 CO_2 分子中碳氧双键与燃油分子中碳氢键活化，原位实现 CO_2 加氢与燃油部分氧化，达到以碳还油的目的；同时较低的气体温度不会使燃油结焦炭化。通过前期研究开发了适用的液相连续弧放电设备，实现了燃油轻质化与 CO_2 减排，装置反应启停迅速、操作简易，可加装在内燃机前端。

②作品名称：农业系统中的微/纳米塑料如何对土壤生态系统和食物链产生影响？

微/纳米塑料是一种新兴的污染物，它们在水和土壤生态系统中的存在引起了人们的广泛关注，因为它们对整个生态系统构成了巨大的威胁。近年来的研究主要集中在海洋和淡水生态系统中；然而，我们对微/纳米塑料在土壤生态系统中的生态效应的认识仍然有限。农业系统作为土壤中微/纳米塑料的重要来源，我们研究其中微/纳米塑料对土壤健康和功能的负面影响、食物链中的营养转移以及相应的对土壤生物的不利影响，以解决土壤中微/纳米塑料可能带来的生态和人类健康风险。本研究将揭示了农业系统中微/纳米塑料在土壤中的生态效应，并对土壤中微/纳米塑料的限制和建立管理措施，以减少微/纳米塑料污染带来的风险。

（3）二等奖

①作品名称：东北地区低温条件下生物法处理氮素能力不足的问题

东北地区冬季气温较低，微生物活性受抑制，一般生物法去氨氮的效果不理想，氮素污染问题日益突出。筛选耐低温高效去氨氮的异养硝化菌与小球藻构建菌藻共生体系，用包埋法与生物电化学系统耦合构成固定化菌-藻生物电化学系统，提升低温下系统去氨氮的效能。探究低温下异养硝化菌性能及影响因素，使其去除效果最大化；包埋法增加微生物生物量，减少菌株流失，在此基础上考察系统除氨氮特性，优化系统净水能力和稳定性，设计连续流处理方案，为低温下生物电化学系统的应用提供理论基础和技术支持，为东北地区氨氮废水的治理提供新方向。

②作品名称：城市生活垃圾治理系统效益及产业发展趋势分析

采用物质流分析方法，以沈阳市为例对城市生活垃圾治理现状进行梳理，构建理想垃圾治理模型，估计理想状态下产生的各种效益。采用主成分分析和回归分析方法，选取发达国家的人口密度和经济发展水平两个指标对垃圾治理产业发展水平进行分析。在此基础上将我国划分为三个发展片区：优先发展区、辐射带动区、重点帮扶区。优先发展区集中力量发展大型垃圾资源化利用企业和设施，重点培育高级垃圾处理产业，实现新生垃圾零填埋；辐射带动区在政策引导下，首先推进中级垃圾处理产业，合理配置有害垃圾处理设施；重点帮扶区集中力量培育初级垃圾处理产业，有害垃圾可运送至相邻有处理能力的省份、地区。

③作品名称："罩"之即来，挥之不去——如何解决"环境的疫情"

近年来，尤其是 2019 年末新冠疫情暴发后，世界各地对一次性医用口罩（Disposable medical masks，DMMs）的使用量和原料消耗量急剧增加，增加了对生态环境的污染和负担也浪费了大量可再生资源。根据调查显示，截至 2020 年 4 月底，我国 DMMs 日均产量 2 亿只，每只大约重 5 g，即每天将面临 1 000 t 的废弃 DMMs，这对生态环境造成严重危害。如何对一次性口罩废弃物进行合理处置及资源再利用显得尤为重要和迫切，这也是全球各国和地区面临的重要生态环境真实问题。本申报书从固体废弃物资源再利用的角度出发，进行思考并提出了对废弃 DMMs 进行环保改造、物理压制、熔融重塑等方式制备脚垫、坐垫等塑料制品以期对这一生态环境真实问题提出拟解决方案。

（4）三等奖

①作品名称：基于司法裁判文书的辽宁省环境公益诉讼实证研究

环境公益诉讼是将环境公共利益的保护与诉讼制度相融合，从而建立的一种适应当代社会发展需要的新型诉讼。近年来，辽宁省高度重视环境公益诉讼工作，而本研究在此背景下，拟通过检索中国裁判文书网关于辽宁省环境公益诉讼的实际司法裁判情况，对环境公益诉讼制度在辽宁省的"落地"进行了解和分析。具体方式为：首先，对司法实践情况进行类型化梳理，并对辽宁省环境公益诉讼的制度落实情况进行归类；其次探究辽宁省环境公益诉讼司法实践过程中的直接现实性问题，并提出解决这些问题的具体方法，制定可行性的办法和建议。

②作品名称：农业农村面源污染防治——基于官员约束性考核视角

近年来，农业农村面源污染问题愈发凸显，对生态环境产生了严重破坏，在一定程度上制约了我国经济的可持续发展。农村面源污染从不同角度造成严重的水污染，土地污染，以及空气污染，它们不仅我国主要的环境问题还是重要的社会问题。本文提出形成完善的官员问责机制及利用排污系数法对全国农村面源的主要污染物进行测算，判断其是否超过我国污染物排放标准并将相关责任细化到干部个人，从而在一定程度上解决农村地区面源污染问题。

③作品名称：高校思政教育对大学生生态环境保护意识渗透度不强

我国与世界其他国家相比在大学生生态环境保护意识教育方面起步较晚，尤其是思政教育对大学生生态环境保护意识的针对性教育理论及方法尚需完善，致使在目前高校思政教育对大学生生态环境意识渗透度不强问题凸显。建立大学生环境保护意识评价指标体系，量化当前思政教育下大学生环境保护意识情况，进而有的放矢，反作用于高校思政教育，增强思政教育对大学生环境保护意渗透度，解决高校思政教育对大学生生态环境保护意识渗透度不强问题。切实提高高校大学生生态环境保护意识，践行我国绿色发展理念，培养复合型人才，最终促进社会健康稳定发展，增强国际竞争力。

④作品名称：二维储能电池材料如何助力碳达峰与碳中和？

为实现碳排放 2030 年前达到峰值，2060 年前实现中和的战略目标，亟须寻找替代能源存储设备，破除能源壁垒，跨领域突破多能融合互补的瓶颈技术。锂离子电池具有能量密度高、循环寿命长、环保等优点，是最为理想的可充电二次化学电池。常规电极材料储锂机制不清楚、锂离子吸附强度弱、嵌锂容量较低，制约了储能电池的发展，因此提高锂离子电池的容量是亟待突破的关键。二维黑磷作为最优异的后石墨烯储能材料，因具有特殊的层状褶皱结构、可调带隙和大载流效率，可为锂离子嵌入特供充足的空间，克服了石墨烯带隙不可调、载流子效率低、电子迁移率等缺陷，有望成为最具竞争力的储能材料。研究二维黑磷储能性能，在碳达峰和碳中和背景下，具有重要现实意义。

参考文献

[1]   BASHAM J D，ISRAEL M，MAYNARD K. An ecological model of STEM education：operationalizing STEM for all. Journal of Special Education Technology，2010，25（3）：9-19.

[2]   BORKOVSKAYA V G，BARDENWERPER W，ROE R. Sustainability risk management：the case for using interactive methodologies for teaching，training and practice in environmental engineering and other fields. Smart Technologies and Innovations in Design for Control of Technological Processes and Objects：Economy and Production，2018，138：251-260.

[3]   HAYES W，PANNABECKER V，SHEN Y，et al. Faculty research practices in civil and environmental engineering：insights from a qualitative study designed to inform research support services. 2018 .

[4]   HUANG Z，LIANG Y. Research of data mining and web technology in university discipline construction decision support system based on MVC model. Library Hi Tech，2020，38：610-624.

[5]   Hedden K M，Worthy R，Akins E，et al. Teaching sustainability using an active learning constructivist approach：discipline-specific case studies in higher education. Sustainability，2017，9：1320.

[6]   NYKA L. Bridging the gap between architectural and environmental engineering education in the context of climate change. World Transactions on Engineering and Technology Education，2019，17：204-209.

[7]   PLUTENKO A D，LEYFA A V，KOZYRA V，et al. Specific features of vocational education and training of engineering personnel for high-tech businesses. European Journal of Contemporary Education，2018，7：360-371.

[8]   RUGE G，MCCORMACK C. Building and construction students' skills development for employability – reframing assessment for learning in discipline-specific contexts. Architectural Engineering and Design Management，2017，13：365-383.

[9]   SHI S，HUANG H，LI K. The construction and practice of integration cultivation mechanism for innovative talents in CS discipline. Proceedings of ACM Turing Celebration Conference-China，2018：110-114.

[10] VERDÍN D，GODWIN A，BENEDICT B. Exploring first-year engineering students' innovation

self-efficacy beliefs by gender and discipline. Journal of Civil Engineering Education，2020：146.

[11] WEI W，NIU S，ZHANG B，et al. Design and implementation of discipline competition management system. 2020 International Conference on Intelligent Computing and Human-Computer Interaction，2020：160-163.

[12] YAKUBOV C，LUCHINKINA A. Higher education in Russia：problems of environmental personnel training. E3S Web of Conferences，2021：258 .

[13] 白丽媛，杨芳，张公鹏. 我国"互联网+期刊"研究现状与发展探析. 科技与出版，2020，12：10.

[14] 白兴华. 情境体验式教学在高中地理教学中的应用研究. 西安：陕西师范大学，2014.

[15] 卜彩丽，冯晓晓，张宝辉. 深度学习的概念、策略、效果及其启示——美国深度学习项目（SDL）的解读与分析. 远程教育杂志，2016，34：75-82.

[16] 蔡国春. 美国院校研究的性质与功能及其借鉴. 南京：南京师范大学，2004.

[17] 蔡慧英，顾小清. 设计学习技术支持 STEM 课堂教学的案例分析研究. 电化教育研究，2016，3：93-100.

[18] 蔡清田. 核心素养的学理基础与教育培养. 华东师范大学学报（教育科学版），2018，36：42-55.

[19] 蔡曙山. 科学与学科的关系及我国的学科制度建设展. 中国社会科学，2002，3：79-80.

[20] 曹健. 对地方高校学科建设与研究生培养的思考. 教学研究，2005，6：471-474.

[21] 曹小芬. 初中化学教学中的微课设计及应用研究. 武汉：华中师范大学，2015.

[22] 曾冬梅，陈江波. 基于协同学视角的"学科-专业"一体化建设初探. 黑龙江教育（高教研究与评估），2007，5：20-22.

[23] 曾冬梅，陈江波. 学科专业建设的知识链分析模型. 高校教育管理，2008，4：37-40.

[24] 曾莉红. 图书馆学核心竞争力初探. 西南民族大学学报（人文社科版），2007，7：232-234.

[25] 柴永恒. 情感教学在高中思想政治课中的应用探究. 西宁：青海师范大学，2021.

[26] 陈江波. 高等学校"学科-专业"一体化建设的研究. 南宁：广西大学，2007.

[27] 陈金圣. 学科治理的基本依据、组织基础与运行机制. 学位与研究生教育，2020，3：7-13.

[28] 陈兰林，李忆华. 浅析高校特色专业建设的原则. 西北医学教育，2005，3：249-250.

[29] 陈仕功，杨玉琴. 元素化合物课题教学情境利用特征的分析——基于"铁及其重要化合物"同课异构的观察. 化学教学，2020，10：30-34.

[30] 陈天凯，董玮，张立迁，等. 基于需求导向的一流学科建设路径分析. 学位与研究生教育，2020，3：13-18.

[31] 陈伟. 辽宁省高等学校一流学科建设研究. 沈阳：沈阳师范大学，2021.

[32] 陈文. 民办本科院校学科专业建设浅析. 中国教育技术装备，2009，24：14-16.

[33] 陈小虎，黄洋，冯年华. 应用型本科的基本问题、内涵与定义. 金陵科技学院学报（社会科学版），2018，4：1-6.

[34] 陈小虎，杨祥. 新型应用型本科院校发展的 14 个基本问题. 中国大学教学，2013，1：17-22.

[35] 陈小虎. 论地方新建本科高校转型发展——兼谈创建新型应用型本科. 金陵科技学院学报（社会科学版），2014，1：1-5.

[36] 陈新智. 问题情景教学模式的初探. 化学教育，2003：2.

[37] 陈阳. 太子河山区段上游生态环境脆弱性评价与修复策略. 沈阳：辽宁大学，2019.

[38] 陈韵玉. PBL 教学模式在初中物理教学中的应用研究. 广州：广州大学，2019.

[39] 陈忠林，徐苏南，王杰，等. 高校实验室建设及管理模式的探索与思考. 实验室科学，2012，15：122-125.

[40] 程洪梅. PBL 教学模式在网络环境下大学英语教学中的应用. 河北工程大学学报（社会科学版），2015，32：127-129.

[41] 程启原. 广西高校科研基地建设存在的主要问题及对策研究. 经济与社会发展，2010，11：169-172.

[42] 程莎妮. "双一流"建设背景下高校管理人员培养机制研究. 上海：上海师范大学，2018.

[43] 程永波. 关于高校学科建设的理论探讨. 学位与研究生教育，2004，10.

[44] 褚宏启. 核心素养的概念与本质. 华东师范大学学报（教育科学版），2016，1：1-3.

[45] 戴小明. 准确定位 推进哲学社会科学发展. 湖北民族学院学报（哲学社会科学版），2009，3：1-5.

[46] 东静蕾. 坚持"五个育人"，打造高校思想政治教育工作新格局. 教育现代化，2017，32：262-263.

[47] 董青. 地方本科高校转型发展背景下的教师队伍转型发展研究. 大众标准化，2021（14）：3.

[48] 董增川，河海大学研究生教育发展史. 北京：中国水利水电出版社，2015.

[49] 冯哲文. 地方行业高校内涵发展路径探析——基于西安工程大学的发展实践. 科学咨询，2021，18：91.

[50] 付保荣，环境污染生态毒理与创新型综合设计实验教程. 北京：中国环境出版社，2017.

[51] 付振虹，金琴花，盖鲁粤，等. 心血管疾病介入诊疗培训基地教学模式及质量管理初探. 中国医学教育技术，2013，1：98-101.

[52] 高国俊. 以创新创业素质为目标导向的理想课程研究. 中国农业教育，2011，6：34-37.

[53] 高倩. 基于 Pad 初中英语阅读教学设计及应用研究. 济南：山东师范大学，2019.

[54] 高云峰，师保国. 跨学科创新视角下创客教育与 STEAM 教育的融合. 华东师范大学学报（教育科学版），2017，35：47.

[55] 高志军，陶玉凤. 基于项目的学习（PBL）模式在教学中的应用. 电化教育研究，2009，12：92-95.

[56] 邰原，张岁玲，武小椿，等. "以学生为中心"的生物类专业课程在线教学设计与实践. 生物学杂志，2020，6：4.

[57] 顾浩，董建寅. 以推动学科交叉促进学科建设跨越式发展. 产业与科技论坛，2007，12：145-147.

[58] 顾浩. 论学科交叉路径及趋势. 上海金融学院学报，2006，6：67-69.

[59] 郭必裕. 对"学科"与"专业"建设两张皮问题的对策研究. 高等工程教育研究，2004，3：23-26.

[60] 郭继东. 学校组织与管理. 上海：华东师范大学出版社，2012.

[61] 郭俭. 优秀法院文化建设的理论研究与实践探索. 北京：法律出版社，2014.

[62] 郭起华. 浅谈高职院校生态文明校园建设——以江西环境工程职业学院为例. 经贸实践，2017，24：35-36.

[63] 韩学军. 基于创新思维的文科类高等职业教育人才培养评价指标体系研究. 辽宁公安司法管理干部学院学报，2010，1：63-78.

[64] 何峻，唐诗，王璐，等. 生物医药类专业创新人才培养模式的创建——基于学科和专业建设. 广东药学院学报，2008，4，336-338.

[65] 洪世梅，方星. 关于学科专业建设中几个相关概念的理论澄清. 高教发展与评估，2006，3：55-57.

[66] 侯迎忠. 对外报道策略与技巧. 北京：中国传媒大学出版社，2008.

[67] 胡佳怡. 真实性：项目式学习的本源. 中国教师，2019，7.

[68] 胡露露. 初中思想政治教师核心素养提升策略研究. 贵阳：贵州师范大学，2021.

[69] 黄宝印，林梦泉，任超，等. 努力构建中国特色国际影响的学科评估体系. 中国高等教育，2018，1：13-18.

[70] 黄琼珍. 2000—2013 年教育信息资源研究的热点领域和前沿主题分析——基于八种教育技术学期刊刊载文献关键词共词分析视角. 电化教育研究，2014，35（8）：8.

[71] 黄容霞. 一个学科国际评估的行动框架——以学科评估推进世界一流大学建设的一个案例. 中国高教研究，2014，2：42-46.

[72] 黄伟九，刘军跃. 坚持学科、专业与课程建设"三结合"促进特色学科建设. 重庆工学院学报，2006，4：143-146.

[73] 黄毓展，蔡立媚，钱扬义. 基于数字化实验落实"证据推理与模型认知"学科核心素养——以拓展探究复分解型离子反应发生条件的教学应用为例. 化学教育，2021，42：51-57.

[74] 纪宝成. 发展与繁荣人文社会科学. 北京：中国人民大学出版社，2004.

[75] 江美芬. 基于学科专业一体化建设的人才培养路径探索——以浙江大学宁波理工学院为例. 当代教育实践与教学研究，2017，11：112-134.

[76] 姜华，刘苗苗. "超学科与学术大众化"理念下科研评价改革的反思. 上海教育评估研究，2021，5：18-24.

[77] 姜振家. 对高等学校学科建设的矛盾分析. 学位与研究生教育，2006，2：48-51.

[78] 教育部. 教育信息化"十三五"规划[EB/OL]. [2016-10-19]. http：//www.moe.gov.cn/srcsite/ A16/s3342/201606/t20160622_269367.html.

[79] 金德，邵飞，范廷玉. 基于学科建设视角下大学生创新创业教育模式优化探析——以安徽理工大学地球与环境学院"三位一体"创新创业教育模型建构为例. 安徽理工大学学报（社会科学版），2019，6：5.

[80] 来凤琪. 论教学设计和学习理论对教育技术研究的关照. 现代远程教育研究, 2015, 2: 35-42.

[81] 李铂川, 户清丽, 李政隆, 等. 国内 STEAM 教育地理实践研究梳理与进展——基于中国知网数据库可视化分析. 中学地理教学参考, 2021, 12.

[82] 李承娟. 科研管理与学科建设协同发展分析研究. 学术界, 2008, 4: 225-229.

[83] 李春源. 地方综合性大学学科专业一体化建设的问题与对策研究. 黑龙江教育 (理论与实践版), 2021, 3: 2-3.

[84] 李佳颖, 毕会东. 伯顿·克拉克"五要素"模型视域下民办高校转型发展的路径选择——以广东科技学院为例. 吉林广播电视大学学报, 2021, 2: 45-48.

[85] 李建军. 创新教育中的问题意识及其培养. 汉中师范学院学报, 2003, 4: 5.

[86] 李昆前. 滦州市初中体育教师专业知识掌握状况及发展研究. 西宁: 青海师范大学, 2019.

[87] 李仁卿, 黄鑫. 非意识形态化思潮对当代大学生的影响探析. 湖南工业大学学报 (社会科学版), 2018, 6: 11-17.

[88] 李胜基. 绿水青山筑梦人——记"兴辽英才计划"科技创新领军人才、辽宁大学环境学院院长宋有涛. 共产党员, 2019, 6: 2.

[89] 李伟, 张远强, 王卉. 将案例式教学模式渗透于医学组织学理论教学中的实践. 解剖学杂志, 2015, 2, 240-241.

[90] 李延绍. 廉政视角下高校内部控制机制研究. 会计之友, 2020, 18: 93-98.

[91] 李艳燕. 大学生创新创业教育的方法与路径研究. 温州: 温州大学, 2016.

[92] 李志义. 对高校本科专业建设中若干问题的进一步思考. 大连理工大学学报 (社会科学版), 2007, 1: 35-40.

[93] 李子莹. 基于信息化背景下"翻转课堂"教学设计与实践研究——以国际市场营销实务课程为例. 教育现代化, 2019, 67: 124-125.

[94] 李作林, 刘长焕, 陶业曦, 等. 真实问题解决: 指向核心素养提升的教学策略——以人大附中通用技术课程建设为例. 中国电化教育, 2020, 2: 109-116.

[95] 梁拴荣, 周小庆. 关于面向 21 世纪应用心理学专业建设的思考. 太原师范学院学报 (社会科学版), 2007, 6.

[96] 辽宁大学. "十三五"成就巡礼 | 教学改革促发展 人才培养育新篇. 沈阳: 辽宁大学, 2021.

[97] 辽宁大学. 辽宁大学 2019—2020 学年本科教学质量报告. 沈阳: 辽宁大学, 2020.

[98] 辽宁大学. 辽宁大学本科生重新选择 (转) 专业实施办法 (修订). 沈阳: 辽宁大学, 2018.

[99] 辽宁大学. 辽宁大学学生手册. 沈阳: 辽宁大学, 2018.

[100] 廖德岗, 廖婧菲, 李宝斌. 基于深度校企合作的"双师型"队伍建设探索与实践. 牡丹江教育学院学报, 2021, 9: 21-22.

[101] 刘斌. 高含盐难降解工业园区污水的物化—生化耦合深度净化技术. 沈阳: 辽宁大学, 2021.

[102] 刘飞，孙崇玉，孙立强，等. 环境地学课程教学改革的探索. 安徽农学通报，2016，14：160-161.

[103] 刘贵富. 论学科建设与专业建设的辩证关系. 黑龙江高教研究，2008，3：23-26.

[104] 刘胜. 尤溪县洋中科教基地建设研究. 福州：福建农林大学，2014.

[105] 刘晓黎. 新时代"双一流"建设高校境外办学的探索与思考. 决策与信息（上旬刊），2018，10：54-59.

[106] 刘云山. 增强问题意识坚持问题导向. 学习时报，2014，1.

[107] 龙宝新，李亚云. 还原论抑或加工论：深度学习的根基反思与理论走向. 教育理论与实践，2020，40：48-54.

[108] 陆军，宋彼平，陆叔云. 关于学科、学科建设等相关概念的讨论. 清华大学教育研究，2004，6：12-15.

[109] 马薇，刘桂军. 基于化学核心素养培养的科学探究——以真实问题解决的实验专题复习为例. 中学化学教学参考，2018，15：21-24.

[110] 马永双，蔡敏. 中美 STEM 教育研究的文献计量学分析. 比较教育研究，2018，40：104-112.

[111] 毛殊凡. 以科学发展观指导高校哲学社会科学创新发展. 思想政治教育研究，2013，5：38-42.

[112] 蒙丽珍，莫光政. 论高校学科与专业及其建设的基本理论. 广西财经学院学报，2008，3：106-112.

[113] 倪亚红，王运来. "双一流"战略背景下学科建设与人才培养的实践统一. 江苏高教，2017，2：7-10.

[114] 聂佳琦，马燕，范文翔. 基于 STEAM 理念的机器人教育模式探究. 中国教育信息化，2021，16：22-26.

[115] 宁提功. 放眼未来，加强青年教师的培养. 有色金属高教研究，1989，2：89-94.

[116] 潘威翰. 红阳三矿采空区积水对超低摩擦型冲击地压影响研究. 沈阳：辽宁大学，2020.

[117] 潘一山. 真实问题导向下的创新创业人才培养——辽宁大学的研究与实践. 沈阳：辽宁大学出版社，2018.

[118] 彭红科，彭虹斌. 面向教育现代化 2035 职业院校"双师型"教师队伍建设机制与路径. 成人教育，2020，2：58-64.

[119] 乔旭. 高校学科一体化建设的探索与实践——以南京工业大学为例. 大学与学科，2020，1.

[120] 秦瑾若，傅钢善. STEM 教育：基于真实问题情景的跨学科式教育. 中国电化教育，2017，4：67-74.

[121] 邱婷，谢幼如，尹睿. 教学设计研究的前沿发展及其启示. 中国电化教育，2014，4：127-131.

[122] 瞿振元，张炜，陈骏，等. 深化新时代教育评价改革研究（笔谈）. 中国高教研究，2020，12：7-14.

[123] 沙鑫美. 应用技术型大学学科专业建设的三个基本问题. 中国大学教学，2016，12.

[124] 申昌安. 运用语义网络促进学习者高阶思维能力发展的研究. 南昌：江西师范大学，2010.

[125] 施亚，何盈，李艳. "双一流"建设中地方本科院校的机遇与挑战——学科专业一体化建设. 教育教学论坛，2021，1：5-8.

[126] 史慧. 高校创新人才培养模式研究. 天津：天津大学，2015.

[127] 宋怡，葛彦君，马宏佳. 美国科学教育研究热点与发展趋势——2016NSTA 年会述评. 化学教育，2017，38：73-76.

[128] 孙绵涛，来晓黎. 关于学科本质的再认识. 教育研究，2007，12：31-35.

[129] 谭江月，王彬，徐志强. PBL 教学模式在环境工程专业"卓越计划"人才培养中的应用探索. 教育现代化，2017，40：29-31.

[130] 汤国荣. 基于核心素养培育的区域主题探究课程开发与课堂构建——《区域主题探究》课程开发与教学实施研究报告. 地理教学，2018，24：13-19.

[131] 唐小为，王唯真. 整合 STEM 发展我国基础科学教育的有效路径分析. 教育研究，2014，9：61-68.

[132] 唐烨伟，郭丽婷，解月光，等. 基于教育人工智能支持下的 STEM 跨学科融合模式研究. 中国电化教育，2017，8：46-52.

[133] 田百军，宋有涛. 辽大故事——环境学院卷. 沈阳：辽宁大学出版社，2018.

[134] 田源. 盘锦市政府网络舆情危机管理策略研究. 大连：大连理工大学，2017.

[135] 万军民. 浅议地方高校科研基地条件支撑体系构建. 中国校外教育，2012，16：45-46.

[136] 王春香. 辅导员在培养创新创业人才中的定位和作用研究. 成都：西华大学，2020.

[137] 王贺元. 博士研究生教育过程中地方政府利益需求的非理性研究. 中国高教研究，2011，3：35-37.

[138] 王会来. 高等学校制定发展规划应注意的几个问题. 科教文汇（上半月），2006，4：13-14.

[139] 王家新，吴根洲. 原部委直属高校学科建设探析. 大学教育科学，2006，4，102-105.

[140] 王建华. 论学科、课程与专业建设的相关性. 学位与研究生教育，2004，1：21-24.

[141] 王康. 在高教领域实施"供给侧结构性改革". 民主，2017，6：28-29.

[142] 王蕾，邱强. 高校应用型人才实践能力培养模式研究. 实验技术与管理，2017，9：191-194.

[143] 王琪，章天金. 地方高校学生创新能力培养体系的构建与实践. 大学教育，2021，10：10-13.

[144] 王青松，张鑫琪，刘建. 真实问题为导向的 C 语言课程教学改革实践. 辽宁大学学报（自然科学版），2020，164：319-324.

[145] 王如梦. 近 5 年思想政治教育学科硕士学位论文选题研究. 沈阳：沈阳农业大学，2020.

[146] 王守伦，丁子信. 地方高校科研转型提升的若干思考. 山东高等教育，2015，4：19-24.

[147] 王薇. 指向问题解决能力发展的学习活动模型研究——基于情境学习理论的分析框架. 教育学术月刊，2020，6：88-95.

[148] 王艳群. 中学思想政治课教学的亲和力研究. 重庆：西南大学，2020.

[149] 王业琴，陈亚娟，丁卫红. 论应用型本科卓越计划人才培养体系的构建. 淮海工学院学报（人文社会科学版），2012，23：3.

[150] 王颖. 应用型创新人才培养问题及对策研究. 教育理论与实践，2016，36：12-14.

[151] 王玉良. 生态学视角下的大学学科建设刍议. 黄冈师范学院学报，2011，1：140-141.

[152] 王占仁，曹威威. 高校辅导员科研能力提升策略. 黑龙江高教研究，2016，3：81-84.

[153] 魏中林，胡振敏，郑文. 广东省应用型本科人才培养改革成果论文集. 北京：高等教育出版社，2016.

[154] 夏雪梅. 学科项目化学习设计：融通学科素养和跨学科素养. 人民教育，2018，1：61-66.

[155] 向春. 创业型大学的理论与实践. 高等工程教育研究，2008，4：72-75.

[156] 肖勇. 地方高校社会服务职能在新农村建设中的实现策略探讨. 中国成人教育，2013，16：190-192.

[157] 谢桂华. 关于学科建设的若干问题. 高等教育研究，2002，9：46-52.

[158] 徐红，刘在洲，陈承. 高校科研质量评价标准研究. 高校教育管理，2016，5：57-62.

[159] 徐铁南. 促进辽宁民政加强和创新社会管理. 中国社会报，2012，2.

[160] 徐旺雄. 互联网环境下开放学习平台比较研究. 武汉：华中师范大学，2019.

[161] 许超，李彤，孙灿，等. 基于真实问题的单片机创新实验设计与实现. 辽宁大学学报（自然科学版），2019，46：337-341.

[162] 许妮娅. PBL 教学法在市场调研双语教学中的运用. 科教导刊（中旬刊），2015，35：127-128.

[163] 杨端光. 学科建设是新建地方本科院校办学的生命. 湖南科技学院学报，2007，6：155-157.

[164] 杨丽丽. 微生物活化（IMA）工程技术修复沈阳市北陵公园双轮湖水体示范工程. 沈阳：辽宁大学，2018.

[165] 杨良梁. 对新升本院校专业建设的思考. 大庆：大庆师范学院学报，2008，1：148-150.

[166] 杨明娜，叶安胜. 卓越教育计划人才培养规范以成都学院为. 北京：科学出版社，2016.

[167] 杨晓慧. 我国高校创业教育与创新型人才培养研究. 中国高教研究，2015，1：39-44.

[168] 杨英，唐荣，周雪梅. 国内开放大学学科专业课程一体化建设 SWOT 分析. 科技创业月刊，2020，33：125-128.

[169] 杨玉琴. 真实而有意义的学习情景：内涵、特征及创设. 化学教育，2014，35：5-8.

[170] 叶丽娜. "互联网+"环境下高职生创新创业问题研究. 武汉：华中师范大学，2018.

[171] 叶志明，邓斐今，周锋，等. 对学科、专业和课程及其在高校发展中作用的再认识. 中国大学教学，2010，1：37-42.

[172] 殷元华. 基于真实情境指向素养生长——以项目化学习为视角的"烙饼问题"重构. 山东教育，2020，10：38-41.

[173] 尹博远，王磊. 基于学科观念和真实问题解决素养导向的命题策略. 中国考试，2021，1：70-74.

[174] 袁小鹏. 也谈学科与专业. 黄冈师范学院学报，2007，1：76-79.

[175] 臧靖. "新工科"背景下高校教师队伍建设长效机制刍论. 绿色科技，2021，23：252-254.

[176] 张必东，谢先成. 我国基础教育现代化的现实问题与改进路径——访北京开放大学校长褚宏启教授. 教师教育论坛，2020，10：4-7.

[177] 张贵新. 从研究问题的着眼点来理解数学的真实含意. 高师函授，1985，2：7.

[178] 张海钟，冯建平. 论新建本科院校的学科建设和专业建设及研究生教育发展. 西北成人教育学报，

2007，3：34-35.

[179] 张红伟，吕弋，张伟. 四川大学国家理科基地建设回顾. 高等理科教育，2013，2：68-73.

[180] 张华. 论核心素养的内涵. 全球教育展望，2016，45.

[181] 张奎旭. 关于高等学校学科建设相关问题的探讨. 经济与社会发展，2005，10：3.

[182] 张龙，穆丹阳，路璐. 学科专业一体化视域下的省属高校研究生教育发展探究. 黑龙江教育（理论
与实践），2021，3：4-5.

[183] 张路. 初中物理教学情境创设的问题及对策研究. 洛阳：河南大学，2013.

[184] 张树团，梁勇，杨贵硕. 学科专业一体化建设策略研究. 现代职业教育，2021，15：194-195.

[185] 张廷. 社会资本视角下的地方高校协同创新研究. 中国科技论坛，2013，4，16-20.

[186] 张文慧. 微媒体在初中小说教学中的应用研究. 济南：山东师范大学，2020.

[187] 张宪国，林承焰. 知识-人才产出导向的学科-专业-学位点一体化建设. 学位与研究生教育，2020，
11：25-31.

[188] 张艳，张越. 农业经济研究领域高频被引论文的学术特征研究：前沿热点与未来展望——基于 17
种农业经济领域核心期刊的 CiteSpace 分析. 农业经济，2020，2：3.

[189] 章天金，王时绘，杨维明. 新技术变革背景下大数据产业技术学院的建设模式与实践. 高教论坛，
2020，8：49-52.

[190] 章铁成. 常态化经济发展路径反思. 中国国情国力，2014，8：51-53.

[191] 赵冰. 沈阳市大气 $PM_{2.5}$ 污染规律及其化学组分分布特征研究. 沈阳：辽宁大学，2017.

[192] 赵鼎洲，樊丽沙. 探索"双一流"视域下地方高校学科建设的定位、困境与思路. 辽宁教育行政
学院学报，2018，2：30-34.

[193] 赵红霞. 高校学前教育专业协同创新有效模式研究. 大学教育，2013，5：60-61.

[194] 赵金锋. 应用型本科院校学科专业一体化建设的基本策略. 职业技术教育，2012，35：17-19.

[195] 赵康. 论高等教育中的专业设计. 教育研究，2000，10：21-27.

[196] 赵坤，玉振维. 学科建设的内涵、动力与竞争优势积累. 中国高教研究，2008，10：20-23.

[197] 赵云岑，欧阳津，孙豪岭，等. 基础化学实验课程中学生能力和创新意识的培养——无机元素化
合物实验教学方法探究. 化学教育，2015，36.

[198] 浙江省高校计算机教学研究会，计算机教学研究与实践 2017 学术年会论文集. 杭州：浙江大学出
版社，2017.

[199] 郑丽霞. "解决问题"教学四关注. 山西教育（教学版），2009，2：2.

[200] 中国高等教育学会. 潘一山：人才培养、科学研究、社会服务一体化办学机制探索. 高等教育国际
论坛年会系列报道，2020.

[201] 测试结果显示期望成为科学家的中国学生比例仅为 16.8%. 中国新闻网，2017.

[202] 中南大学两型社会与生态文明协同创新中心介绍. 研究与发展管理，2018，6：157.

[203] 周川. "专业"散论. 高等教育研究，1992，1：42-45.

[204] 周光礼，武建鑫. 什么是世界一流学科. 中国高教研究，2016，1：65-73.

[205] 周光礼. "双一流"建设中的学术突破——论大学学科、专业、课程一体化建设. 教育研究，2016，37：72-76.

[206] 周鹏，赵娇洁. 加强重点实验室建设促进高校学科发展. 科技咨询导报，2007，25：239.

[207] 周震峰，史衍玺，王凯荣. 高等农业院校环境生态工程专业课程体系的建设. 高等农业教育，2013，7：66-68.

[208] 朱庆峰，朱紫阳. 行业特色型高校一流学科建设现状与对策研究. 淮阴工学院学报，2020，4：78-83.

[209] 邹小龙. 重庆市科技人才政策实施的问题与对策研究. 重庆：西南大学，2020.

后 记

近年来，辽宁大学真实问题导向下的环境科学与工程"学科建设-人才培养"一体化办学理论与实践虽然初步取得了一定的成果，但对该模式研究与实践的探索仍将不断持续下去。构建该一体化办学路径，需要聚焦问题，引领学科建设；服务问题，创新人才培养模式；瞄准问题，改革资源配置机制；立足问题，健全学科评价制度。我们不但要通过该模式更好地培养创新创业人才，还要借此模式来促进学院做更有成效的学科建设，促进教师做更有意义的科学研究，促进师生更好地服务社会，以此来更好地实现现代大学教学、研究与服务社会这三大功能和真实问题导向下的环境科学与工程"学科建设-人才培养"一体化办学联盟的《沈阳宣言》。

本书得以出版，得到了辽宁大学校领导和以学校发展规划处、教务处为代表的相关职能部门及其学院教师的积极参与和支持，在此表示由衷的感谢。辽宁省环境科学学会理事长、原辽宁省环境保护厅厅长朱京海教授为辽宁大学环境学科的发展和本书的写作提供了非常多的支持和指导性建议，在此特别致谢！感谢真实问题导向下环境科学与工程"学科建设-人才培养"一体化办学高峰论坛与会专家分享的学科建设和人才培养办学模式与实践经验。同时，感谢中国环境出版集团为本书出版付出的辛勤劳动。本书的出版经费由 2021 年度辽宁大学环境工程国家一流本科专业建设经费、环境科学与工程重点学科建设经费资助。

在本书撰写的过程中，我们参阅了大量的国内外相关专著和论文，得到了不少信息和启发，受益匪浅，从而使本书得以按计划完成。参考的文献尽可能地在书中列出，如有遗漏，敬请谅解。借此出版之际向各位作者表示衷心的感谢。

由于编者水平有限，本书对真实问题导向下的环境科学与工程"学科建设-人才培养"一体化办学的研究和实践仍存在很多不足，希望能够得到同行的指点与建议。

编 者
2021 年 11 月于辽宁大学怀远楼